秦山故事

匆匆过去的那些年

秦山故事留满人间

原勇　编著

中国原子能出版社

图书在版编目（CIP）数据

秦山故事 / 原勇编著 . -- 北京 : 中国原子能出版社 , 2021.4
ISBN 978-7-5221-1236-7

Ⅰ . ①秦… Ⅱ . ①原… Ⅲ . ①重水冷却堆—核电站—建设—海盐县 Ⅳ . ① TM623.92

中国版本图书馆 CIP 数据核字 (2021) 第 038758 号

秦山故事

出版发行　中国原子能出版社（北京市海淀区阜成路 43 号 100048）
策　　划　方路生　陶奇伟　徐雪霞
责任编辑　高树超
责任校对　冯莲凤
责任印制　潘玉玲
印　　刷　北京华联印刷有限公司
开　　本　880 mm × 1230 mm　1/32
印　　张　5.5
字　　数　120 千字
版　　次　2021 年 4 月第 1 版　　2021 年 4 月第 1 次印刷
书　　号　ISB 978-7-5221-1236-7
定　　价　38.00 元

发行电话：010-68452845　

自 序

每一个时代都有自己的故事，每一个故事里都有自己的英雄。在中国核工业的发展进程中，蓦然回首，许多故事里的英雄已化为一座座历史的丰碑。

这里讲述的秦山故事，大多来自报告文学集《中国核电从这里起步》一书。在这部由赵宏部长主导并担任顾问的书中，通过记述秦山核电起步创业的事迹，记录并歌颂了一批有卓越贡献的人。他们是成千上万职工中的代表人物，其中大多是共产党员，有着崇高的品德，有牺牲自己、为国争光的世界观。他们在工作中大胆创新、承担风险、不计个人得失，同时以科学态度、严谨作风，一步一个脚印地前进。

我非常荣幸地参与了这本书的采访、创作和编审。在采访过程中，他们有时会让我停下手中的笔，关掉录音机，讲述藏在内心深处最真实的故事和感受，讲到动情处会情不自禁地潸然泪下。我听到了，更是感受到了他们在秦山核电建设初期所经历的艰难与困苦，才更加深刻地认识到秦山核电今天的辉煌业绩来之不易。这是中国几代核电人不懈努力奋

PREFACE

斗的结果，才更加深刻地认识到“国之光荣”所包含的意义。

今天，重新整理和讲述这些老故事，依然感动，触动着我的灵魂。当我把一张张老照片展示出来，看着他们穿着破旧的服装、用着简陋的工具、在艰苦的环境中忘我工作的时候，我会告诉年轻的朋友们：不是让大家回到过去的年代，而是在新时代前进的道路上，当我们遇到新的困难和挫折时，要像我们的前辈一样，怀揣梦想，坚定信念，鼓足勇气，百折不挠，大胆探索，创新实践，在中华民族伟大复兴的新时代，贡献我们每一个人的硬核力量。

原　勇

2021 年 2 月 18 日

目　录

CONTENTS

1 发现秦山

1978 年初夏，中国大地处处回响着“实践是检验真理的唯一标准”的大讨论，处处涌动着改革开放前蓄势待发的蓬勃力量。6 月初，四〇五厂的纪文顺、八二一厂的陈曝之、陕西省核工业局的谢恩吉、八一二厂的吉怀刚和二三公司的孙德林等 5 人先后接到来自北京第二机械工业部（二机部）的指令：火速进京，组建领导小组，任务是筹建新中国自己设计建造的第一座核电站，小组对外称谓：“七二八工程筹建处”。

他们在京集结后的第一站南下上海，来到了位于上海市漕溪北路502号的上海轻工业大楼，这里是上海七二八工程设计院所在地。1974年，上海市政府根据周恩来关于建设核电厂的批示开始了“七二八工程”的筹建工作，在这里已经聚集了一支800多人的技术队伍。他们抵达后，上海市政府根据国家计委、国家建委、国防科委联合签发（78）建发综字第43号文件《关于核电站建设工程由二机部全面归口负责的要求》，将为筹建“七二八工程”而准备的人、财、物全部移交给了他们。

他们接手“七二八工程”的第一个任务是为核电厂找一个可以落地生根的家。在北京集结时就了解到，早在1977年3月，国家建委、国防科委、二机部、国家计委、水电部组成的联合工作组，到上海郊区和浙江、江苏选勘了厂址，认为江苏江阴县长山可作为新厂址，所以他们即刻奔赴江苏南京。

十里长山在江苏省境内，位于江阴至张家港之间，万里长江从山边流过，江面宽达3公里以上，地域开阔，人烟稀少，地理条件相当优越，的确是建造核电厂的好地方。然而，在随后的一个月的时间里，他们与江苏省领导多次会谈，双方始终没有达成共识，最终只好放弃了十里长山。

上海的情况则完全不同。上海市一位副市长明确表示：上海市政府全力支持新中国第一座核电厂的建设，希望把核电厂建在上海市范围内，地址任你们选。言辞之恳切令人感动。在上海市领导的关心支持下，他们把核电厂的地址初选在奉贤海滩。

1979年初夏，在上海奉贤海边，有一片大约20平方公里的芦苇荡，芦苇在海风的吹拂下轻轻地摇晃着。在芦苇荡深处，一个高高的钻井机架竖立起来，几个壮汉光着脊梁，只穿一条短裤，站在一块由老水牛拉着的四张2米乘2米的铁板焊接而成的大铁板箱上操纵着钻机。他们的脊梁在阳光的曝晒下散发着油亮亮的光芒，到了晚上疼痛难忍，久久无法入睡。

陈曝之、谢恩吉带着几个人和上海七二八工程设计院的十几个人在这里整整干了半年。地质钻探完成后，接着昼夜不停地进行打桩试压：单桩承载力可达600吨，符合软土建设要求。可是忽然间，上海市接到一纸命令：停止核电厂筹建工作。

这是对核电厂的一次彻底否定。当时的一位中央领导说核电厂就如同睡在身边的大老虎，让人不放心。筹建处面临着队伍解散，人员回家。可就这么回家大家不甘心！江苏不行，上海不行，难道浙江也不行吗？他们知道在浙江省富阳县钱塘江上游的富春江畔有一个厂址，而且已经炸山动工了。

此时的富春江畔正值入秋时节，阳光妩媚，天高云淡，青青的山，清清的水。在秀美的富春江上，渔民们站在竹排上撒网捕鱼，到处都洋溢着迷人的丰收景色。遗憾的是这里山比较多，地域发展空间太小，不利于堆群的建设。且富春江在钱塘江的上游，下边还有美丽的杭州城和如诗如画的西子湖。万一核电厂发生泄漏，自己将会成为中华民族的千古罪人。他们当时就否定了这个地点。

1980 年 6 月的一天，陈曝之和谢恩吉等人来到海盐县澉浦镇的长山，那里有一条长山河，淡水资源十分丰富。在返回的路上，他们看到了一个辽阔的海滩，在海滩上有一个高高的山冈，山冈上边林木茂密，山冈下边是大片的西瓜地，西瓜地里有一个小棚子。他们停下车来问看瓜的农民这里是什么地方，农民告诉他们这里是双龙岗，山上林木茂密的地方叫青龙，山下大片的土地叫黄龙，双龙岗也叫秦山。据说因秦始皇南巡时驻跸于此而得名于天下。

秦山一角向大海延伸，自然形成了一个天然半岛。如果把核电厂建在这个海湾里，秦山就是一个天然的屏障，不仅可以抗击台风，还可以抗击来自海上的其他威胁。他们登山远望，茶树、桃树、农田、村庄、道路、行人尽收眼底，祥和而安宁。在秦山的附近，还有许多像秦山一样的山包，连绵起伏。从地势看，这里不仅可以建设一座核电厂，而是可以建设几座核电厂。他们心花怒放，已感觉到这里有可能就是新中国第一座核电厂的诞生地。

当天中午，他们在海盐吃饭的时候认识了海盐县政府办公室主任兼科委主任陆佑铭，陆佑铭马上给浙江省科委打电话通报了这一情况。不久，二机部就收到了浙江省科委的邀请函，欢迎到浙江建造核电厂。1980 年 9 月间，筹建处根据二机部核电局（80）二电字 13 号文件要求，会同浙江省建委和省电力局，先后踏勘了台州、温州及嘉兴 3 个地区 7 个县 16 个点。最后定点海盐秦山，并向二机部正式递交了《核电站选址报告》。

1981 年 10 月 31 日，国务院正式批准建设中国大陆第一座 30 万千瓦压水堆核电厂。1982 年 4 月，海盐秦山作为核电厂厂址也被正式确定。1982 年 12 月 30 日，在第五届全国人大第五次会议上，中国政府向全世界郑重宣布了建设秦山核电厂的决定。中国的核电建设迈出了坚实的一步，这一步，随着岁月的斗移星转，中国的核电之梦也一步步走向现实，走向辉煌。

2　秦山炮声

1982 年 5 月，上海早已过了初春的季节。暖风徐徐，细雨绵绵，绿草茵茵。

于洪福，四 0 四厂副厂长，坐了两天两夜的火车来到上海，走进了上海市中山南二路 969 号零三招待所，从大西北的冬天跨入了江南的春天，从苍凉的戈壁跨进了繁华的都市。这是他的新办公地，他现在的新身份是“七二八工程”筹建处主任。

这时的“七二八工程”筹建处，二机部已从部内外各单位抽调了 50 多人，下设政治工作办公室、基建、生产准备、供应、后勤财务五个工作组。俞潜任筹建处临时党委书记，赵志堂任副书记，陈曝之、周振远、钟兆府任筹建处副主任，盛稼戎、姜惠如任副总工程师，章永根任副总会计师。

5月20日，星期四，是个好天气。于洪福坐上筹建处唯一的一辆老式北京吉普车，去实地查看那个将要开山建核电厂的地方。将近中午，吉普车穿过一个小村庄，停靠在一座小山脚下，于洪福和随行的陈曝之沿着一条羊肠小道，穿过茂密的山林，登上山顶。

他们的眼前豁然开朗，这是一个理想的好厂址。一是地处上海杭州等大城市之间，二是地质稳定，三是地震发生频率少、裂度低，四是周边人口稀少，五是交通便利，六是水资源丰富，七是地域开阔，易于排放物扩散和稀释。

由于国务院机构改革实施方案将第二机械工业部正式更名为核工业部。1982年8月6日，核工业部将“七二八工程”筹建处更名为核工业部“七二八工程”筹建处。

中央军委首长十分关心核电厂建设。1982年年底，伍绍祖向筹建处传达了军委首长指示精神：关键是核工业部要把力量组织起来，选精兵良将来攻关。要像当年搞原子弹那样，集中力量，限期攻破。抓紧一点，不能老拖着建不成；关键是核电厂一定要坚持自力更生，不能老是眼睛向外看。

1982年11月27日，核工业部决定将30万千瓦级核电厂命名为核工业部秦山核电厂，原筹备处正副主任改称为正、副厂长，“七二八工程”筹建处党委更名为核工业部秦山核电厂临时党委。于洪福成为秦山核电厂第一任厂长。临时党委决定并报上级批准：12月3日，核电厂办公地点从上海迁至海盐。

1982年12月3日，于洪福带领第一批先头部队浩浩荡荡进驻海盐。4日，俞潜率领后续全部人马抵达海盐县政府招待所。

海盐县人民对秦山核电厂的到来给予了极大支持和力所能及的帮助。把全县接待能力最强、条件最好的县政府招待所让了出来，作为秦山核电厂的临时办公之地：两栋小平房，一幢简易小二楼，把仓库腾空给核电厂职工当食堂。

江南的冬季，潮湿而阴冷，室内没有暖气，更没有空调，让许多同志感到有些不适应。在潮湿阴冷的环境中冻得坐不住，感冒不断，有的还生了冻疮，直接影响了工作效率和工程建设进度。

当天，在大家汇聚后，秦山核电厂召开了进驻海盐后的第一次全体职工大会。会场设在招待所的一个大房间里，简易的木桌就是主席台，50多人就坐在从食堂搬来的长条凳上。会议还没开始，大家冻得不愿进屋，院子里的阳光多少可以给同志们带来些许的温暖。会议开始不久，会场上跺脚的声音从零星响起连成了一片，由弱小渐渐变成强烈。于洪福看到大家实在坐不住了，大声说道：“全体起立。咱们就站着开会。”这是一次不同寻常的会议，是秦山核电厂进驻海盐工作现场的第一次会议，也是唯一的一次全体职工站立着的会议。会后不久，于洪福就给每个房间购买了煤炉供大家取暖。

于洪福到秦山现场首先抓的是核电厂设计，要图纸，抓施工，抢进度。他自己带头跑现场，上秦山，也要求各职能部门勤跑、勤问、勤看、勤沟通、勤汇报，他渴望着建设秦山核电厂的第一声轰鸣的开山炮声能够早日响起。

这一天终于到了。1983 年 6 月 1 日上午 10 点，承担土建施工任务的中国核工业二二建设公司二公司在秦山双龙岗上点响了开山第一炮。轰隆的炮声翻开了秦山核电厂建设新的一页，标志着现场“三通一平”前期工程正式开始。

秦山核电厂厂区占地 2438 亩，其中 92% 是山地和海涂，拆迁部队营房 86 栋，约 9500 平方米，拆迁当地居民各种房屋 3154 平方米。生活区占地 220 亩（含建设单位），拆迁 9 户居民。架设一条 12 千米长的海盐至秦山厂区通信电缆，开通了挂拨全国各地的长途电话，安装了 1 台 120 型传真机的电力载波设备，沟通内外联络。来自核工业部四川、湖北等地单位的施工大军陆续调集海盐，为秦山核电厂的正式开工创造了条件。

1984 年 2 月，工程列入国家“六五计划”重点工程项目。

1984 年 6 月 1 日，反应堆核岛基岩负挖。

1985 年 1 月 24 日，汽轮机厂房常规岛建设开工。

1985 年 3 月 8 日，反应堆厂房核岛底板钢筋绑扎开始。

1985 年 3 月 20 日，反应堆主厂房底板浇筑第一罐混凝土，向世界宣告我国第一个核电厂正式开工。

3　杜拉风波

1986年初冬，刚任核电厂厂长不久的张怀麟接到核工业部通知，要求认真做好南斯拉夫克尔斯科核电厂厂长杜拉先生的接待工作，通过相互访问能够把中南两座核电厂结成友好核电厂，从克尔斯科核电厂学到技术和管理经验，培训人才。

杜拉，一个身材高大、英俊魁梧的中年男人，到达中国后把太太留在了上海，在翻译和秦山核电厂接待人员陪同下，前往秦山核电厂建设施工现场。

江南的冬天是个多雨的季节。绵绵细雨下了整整一夜，天亮时分仍然没有停下来的意思。11 月 3 日早上 8 点 30 分，张怀麟准时来到秦山宾馆，杜拉先生已在大门口等候，两人乘车向秦山施工现场驶去。

小车刚驶上通往施工现场的老沪杭公路就走不动了，这是一条沿着海边修建的公路。时间一分一秒地过去，可小车却是走走停停，高高低低十分缓慢。张怀麟不禁暗自有一些着急，他侧过脸来看了一眼稳坐在身边的杜拉先生，倒是丝毫没有着急的样子，似乎这一切尽在意料之中。张怀麟知道公路和效率是连在一起的，而外国人最看重的就是这个。短短的一条不到 10 公里长的路，他们竟然走了两个多小时，临近中午 11 点才到达秦山核电厂施工现场。

小车停在了离反应堆厂房不远的地方，张怀麟和杜拉刚下车就一脚采进了泥水浆里。他们深一脚浅一脚地走着，在一堆一堆建筑材料中绕来绕去走进了反应堆安全壳内。

反应堆安全壳里电机轰鸣，焊花闪闪，一派紧张繁忙的施工景象。钢衬里正在做防腐处理，高压喷砂枪有序而缓慢地在钢板上移动着，散发着巨大的声响，碎沙和扬尘在安全壳内翻飞飘舞。焊花闪过，升起阵阵刺鼻的青烟，此时偌大的安全壳内已是烟雾缭绕，让张怀麟和杜拉无法开口说话也无法睁眼视察了，只得简单走走便退了出来。

“现场环境太恶劣了！”张怀麟知道这是施工单位在抢时间争速度，工人师傅们在拼命呀！他对这个景象并不陌生，并且在四 0 四厂和八一六厂时还亲自参与过。核工业多少代人都是这么干过来的，不管是在戈壁还是在荒山，拼的就是吃苦的精神和耐劳的品德，唯独不讲的就是工作条件，当然过去也没有条件可讲。

可现在不行，要按法规办。“你对他们说一说，让他们把通风机全部打开。这样的环境怎么干活？”张怀麟出来后对随行人员吩咐道。

在回到秦山招待所后，张怀麟和杜拉的交流在继续，杜拉对看到的一切似乎都表现出了一种可以理解的神情，两个人在友好的气氛中协商约定，南斯拉夫克尔斯科核电厂将免费为中国秦山核电厂培训第一批主控室操纵人员和各专业的运行管理骨干，同时邀请张怀麟厂长访问克尔斯科核电厂。

杜拉从秦山返回上海后，提出了自己的意见：（1）秦山核电厂似无一个说话算数的电厂建造兼生产准备的领导班子。电厂建造领导班底中的主要领导人应有足够的权威并得到上级政府部门的直接支持；（2）现电厂建设日程表不切合实际。秦山核电厂据介绍将于1989年建成投产，这是不可能实现的。作为电厂主要领导人所要控制和掌握的就是日程表和基建投资。从现场看，这两项任务都趋向落空；（3）现场施工管理和材料管理混乱，施工质量低劣。按照南斯拉夫核电厂施工所遵循的标准，无一项工程是他认为可以接受的；（4）现场工程施工技术力量薄弱；（5）应加强施工工程质量检查和严格工程验收的规章制度，包括对施工程序、设备和方法的检查和提高施工环保的文明生产程度。

事情往往是无巧不成书。在宾馆里，杜拉对夫人说出了自己访问秦山核电厂的真实感受：“这简直就是一场核电厂建设的灾难！中国人这样搞下去，是要毁了核电的。”

杜拉的这番话恰恰被与他随行的中国翻译听了进去。翻译惊呆了，他把杜拉的书面意见和他说的话，向上级做了汇报。11 月 14 日，核工业部外事局合作处将杜拉的意见整理成简报上报有关部门。

12 月 26 日，李鹏副总理作出批示：“蒋心雄同志：杜拉同志反映的问题这样严重，必须引起你们足够的重视，否则将负历史的责任。”中央领导同志十分重视并作出重要批示：如果不行就推倒重来！

什么叫“核无小事”？这就是！苏联切尔诺贝利核电厂的烟尘尚未散去，秦山核电又被一位友好国家的核电专家说成是“一场灾难”，秦山核电厂的建设走到了十字路口。在接下来的日子里，秦山核电厂的干部职工经受了新的考验，经受了“凤凰涅槃”后的重生。

4 秦山重生

“蒋心雄同志并核工业部领导同志，杜拉提出的这几个问题，同我们今年一起到秦山检查发现的问题大体相似，这证明我们共同在秦山、嘉兴和上海研究的解决办法并未落实。我是早已不干预你们的民用研究工作了，但出于对国家负责，那次还是去检查了现场，并对存在的问题和解决方法，于5月16日向赵总理写了报告，现恳切希望把那次报告落实吧！做工作，对所负责的任务，不只是讲话、批条子，要具体组织落实，经常蹲在现场组织指示，发现问题，解决问题，要经常如此，浮在上面是不行的！

我已不负责参与你们这方面的工作，仅从爱护这项事业出发，仍向你们直言，望参考之。”

——张爱萍　1986 年 12 月 31 日

杜拉掀起的滔天巨浪在秦山大地上泛起阵阵波涛。

从 1987 年年初开始，根据国务院领导的批示，一批又一批专家调查组来到秦山，他们十分严肃认真提出了一个又一个问题。那段时间，张怀麟如坐针毡，因为这关系到中国核电发展的命运，关系到核工业人的未来与希望。

有一天，张怀麟陪同调查组专家到反应堆筒体施工现场检查，一个工作场景，让他记忆犹新。一个闷着头干活的工人，或许是想让头一天浇筑的混凝土与当天浇筑的混凝土更好衔接，把一盆盆水喷洒在已经开始有些干燥的混凝土上，专家马上明白了他的意思，当场提出质疑：这样做会使混凝土连接部分出现裂纹，造成反应堆安全隐患。张怀麟知道这个工人绝对没有恶意，而是早已习惯了过去那种粗放式的劳动方式，质量第一的意识淡薄了。

值得庆幸的是，专家们对秦山核电厂建设工程进行了全面而仔细地检查之后，还是给出了公正、客观的结论：秦山核电厂建设工程整体质量合格，同时也存在许多问题，必须采取相应的措施妥善解决。

杜拉让中国人看清了自己与世界先进管理水平的差距，看清了自己今后前进的道路。事后的质量检查和监督是远远不够的，要贯彻落实“安全第一、质量第一”的建设方针，必须严格执行国际原子能机构关于核电厂质量保证工作的要求。

秦山要补课!

1984 年 10 月，国家核安全局成立，开始独立行使核安全监督和管理权力。1985 年 12 月 7 日，秦山核电厂成立了质量保证办公室，1986 年 6 月 16 日，成立了质量保证处。10 月，按照国家核安全法规的要求，开始编写《秦山核电厂质量保证大纲》。1987 年 3 月，国家核安全局批准了这个大纲。

“杜拉旋风”让张怀麟急切地感到质量保证大纲规定的程序制度和要求一时一刻都不能停留在文件上、挂在墙头上，而必须要实实在在地落实在行动上，一刻都不能放松。要实现这个目标最要紧的是要尽快培养一支懂技术、懂法律、有事业心、有责任感的质量保证和调试运行队伍。

张怀麟着手对质量保证人员和所有从事与质量有关工作的人员进行培训，采取了举办质量保证学习班、请国内外专家来讲课等方式。同时，为了保证《秦山核电厂质量保证大纲》的有效性，还有计划地对设计、土建施工、安装、设备制造、技术服务、调试运行等单位开展了质量保证监查和监督活动。在设备制造、验收过程中，严格按质量控制点进行质量控制和监督，对 328 项不符合质量要求的进行跟踪监查，提出处理意见，保证工程质量。质量保证大纲及其根据这个大纲建立起来的质量保证体系的作用逐渐发挥出来。

1989 年 4 月，在我国加入国际原子能机构 5 周年之后，应中国政府邀请，国际原子能机构派出了一个由美国、加拿大、日本、西班牙、法国、意大利、西德、罗马尼亚等8个国家11名专家组成的运行前安全评审团，按国际惯例的要求对秦山核电工程项目管理等8个方面进行了为期19天的检查评审。最后，他们在给中国政府报告中的评审结论是："没有发现任何安全问题，即没有发现任何危及建造的完成和建成后电厂启动的安全问题。专家们预期秦山将是一个安全的、高质量的核电厂。"

1991年1月，按照国际规定，国际原子能机构派了3位专家，代表国际原子能机构再次对秦山核电厂进行运行前安全评审的跟踪检查，即对1989年评审团检查出的问题是否进行了有效的整改。此时的张怀麟经过4~5年秦山核电厂质量保证工作的实践，积累了丰富的经验，对国际原子能结构的跟踪检查做到了积极认真准备、主动配合、轻松应对。3位专家跟踪检查的方式同上次检查类似，但重点是上次提出问题的改进方面。经过一个星期的跟踪检查，他们在最后的报告中一致认为：秦山核电厂对"运行前安全审评"提出的问题进行了有效的改进，而且工程建设取得了实质性进展。

国际原子能机构两次检查的结果让秦山核电工程的建设者树立了坚定的信心，增添了为国增光的自豪感。秦山核电厂发电以后的各种运行指标，充分证明了秦山核电厂是一座安全的、高质量的核电厂。今天的秦山人不应该忘记他们：中国第一代核电建设者们在经过了1986—1988年的"严冬"后，用他们的劳动、汗水、心血和智慧，铺就了秦山核电发展之路，他们是中国核电开路人。

5 “土”“洋”两条路

杜拉并不知道他在中国掀起的杜拉旋风有多大，他始终认为自己是在为中国的核电事业尽心尽力，付出了就要有回报，这是他对中国同行的一点点期望。

在杜拉走后不久，张怀麟带着盛稼戎和缪亚民来到南斯拉夫克尔斯科核电厂。这次出访，张怀麟隐隐有些担心因“杜拉旋风”而会影响到他和杜拉之间的合作。但有一点他是坚信的：杜拉先生为我们提供操纵员免费培训的承诺是可以兑现的。

对张怀麟的到来杜拉很高兴，他知道张怀麟来找他的主要目的是谈主控室操纵员和各专业运行管理骨干培训，而且是由克尔斯科核电厂免费提供的，杜拉认为是该说出心中秘密的时候了。

“张先生，你是中国秦山核电厂的厂长，我是南斯拉夫克尔斯科核电厂的厂长，我们可以有更深入、更平等的交往与合作。”杜拉在两人一见面就摆出了一个平等、友好的姿态。

张怀麟表示同意，希望南斯拉夫克尔斯科核电厂能够为中国培养出更多、更合格的核电厂主控室操纵员和专业管理人员。

杜拉却不接张怀麟的话。他说：“我们的合作应该有更广泛的领域。我希望贵厂能够为南斯拉夫克尔斯科核电厂的核废物运到中国处理做一点工作。”杜拉开门见山，直奔主题，说完两眼紧紧盯住张怀麟，他在等待着他想要得到的答案。

杜拉的话让张怀麟感到十分意外，没有丝毫的心理准备，他不知道杜拉怎么会向自己提出这样不合规矩的要求。张怀麟略略沉思了一下，友好地回答道：“杜拉先生，我虽然是秦山核电厂厂长，但不能代表中国核工业部，更不能代表国家和你谈这个问题。因为我来贵厂前没有得到这方面的授权。我这次来只是按照我们已经签好的协议，具体落实贵厂为我们提供培训的安排计划。”

张怀麟的拒绝让杜拉感到有些失望，但他还是很客气地希望张怀麟向国内汇报，他不想把事情弄得很僵，还希望张怀麟能够帮他们解决这个问题。随后三天，他把张怀麟放在那里，不理不问也不见面。他想给张怀麟一点时间，也给张怀麟一点压力。但他发现张怀麟的态度没有改变，也没有向他传递中国政府对此敏感问题的任何信息。他明白了，像核废物处理这种国际敏感问题并不是两个电厂企业间能解决的。三天后，他终于和张怀麟商谈培训计划的落实方案：为秦山核电厂提供主控室操纵员 35 人·月和管理人员24人·月的培训，全部费用由杜拉承担。

杜拉在南斯拉夫是著名的核电专家，在美国接受了多年核电厂管理和企业管理的良好教育，也是中国同行的好朋友。然而，这几天的等待让张怀麟感到杜拉已不仅仅是个核电专家，而更像是一个善于讨价还价的商人。等待，不怕！杜拉还是按照协议为秦山核电厂操纵员提供免费培训，但这也让张怀麟深深地感受到我们应该尽早开发研制自己的模拟机技术，否则在运行人员培训和职工队伍的培养上必将处处受制于人，并付出昂贵的培训费用。依靠其他国家培训自己的人才，必将影响中国核电事业的进步。

按照这份协议，南斯拉夫克尔斯科核电厂为中国秦山核电厂无偿提供培训服务，培训内容涉及核电厂启动、停止等运行操作、调试规程、化学监督、生产管理等方面。在以后的日子里，那些来自中国秦山核电厂的学员们知道这次培训机会来之不易，他们把自己牢牢地固定在预定的目标上，拼命地学，拼命地记，拼命地抄，能学明白的就学懂弄会，学不明白的就抄录下来，再慢慢消化。就这样，他们不仅学到了南斯拉夫核电厂运行和管理的知识，还带回了大量的技术资料，为秦山核电厂的运行人员编制培训教材、调试和运行规程以及管理程序提供了宝贵的参考依据。

张怀麟深知，无论是核电厂建设质量的保证，还是保证核电厂的安全运行，最重要最关键的因素是人。核电厂运行人员的素质和处理事故的操作水平直接关系到核电厂安全。在秦山核电厂建设初期，人员来源有两条途径：一是从核工业老单位调进，二是从相关专业大学毕业生里招收。张怀麟选人调人有两条标准：一是要有正确的人生观和价值观；二是专业技术能力要过硬。他培养人有两个方法:“土”“洋”两条路，叫作土洋结合。土，就是采用核工业老企业老办法老传统，安排人员到相关专业的单位去学习培训，运行人员一定要去电厂运行培训，锤炼运行人员的严细作风、运行习惯；检修人员除到电厂培训外还要到设备制造厂去培训，也要参加安装。洋，就是走出去、请进来，进行国际交流与合作，吸取国外培训核电人才的先进理念和经验，并根据国际原子能机构和国家核安全法规的要求，实施秦山核电人员的培训。张怀麟相信，只要坚持前面两条选人用人的标准、后面的两个培养人员的方法，就一定会起到事倍功半的效果，而培养出来的人员是过硬的，他对自己的选人、用人、培训人员的标准和方法是有信心的。实践证明，经过培训的秦山核电厂的第一批运行和检修人员，素质很高，技术作风过硬，如今他们中的大多数人都已成为中国核电事业发展的骨干力量和主力军。

杜拉旋风的影响还在继续。

1987 年 3 月 2 日，核工业部党组根据国务院调查组的建议和国务院的批文精神，决定将秦山核电厂和秦山核电厂工程指挥部合并，组建核工业部秦山核电公司，实行总经理负责制。核工业部副部长赵宏兼任总经理，对秦山核电厂的建设和运行负全部责任；秦山核电工程总设计师欧阳予兼任副总经理，全面负责技术工作；原秦山核电厂厂长张怀麟任常务副总经理，全面负责日常工作。同时，核工业部秦山核电厂临时党委改称秦山核电公司临时党委，林德舜任书记，张怀麟、姜善金任副书记。

赵宏的到来，开启了秦山核电建设的新局面。

6　赵宏受命

1987 年元月，国务院向秦山派出了由 15 名专家组成的检查组，国家经委副主任林宗棠为组长，检查组对秦山核电厂建设工地进行了详细的调查，详细查看现场，详细收集有关资料。

林宗棠在出发前给核工业部负责基建工作的副部长赵宏打了个电话：“我们要去秦山检查工作，我们去的时候希望你不在现场。”赵宏自然知道这个电话的含义，爽快地答应了：“好！我不去。”

1987 年 1 月 29 日，农历大年初一，是中国传统节日——春节。

在北京南礼士路核工业部招待所的一间大会议室里，赵宏正在参加核工业部的春节团拜会。

窗外，“劈、啪”的鞭炮声时断时续，为新春佳节增添了不少喜庆。窗内，冬日的阳光照射进来，把房间照得暖洋洋的。多时不见的老领导、老同事欢聚一堂，互致问候，热闹而温情。

这个春节，赵宏忙中偷闲，既然人家不让自己去秦山，那就在家好好过，陪一陪老伴和孩子们。自从1982年担任核工业部副部长以来，几乎每个春节都在外面忙碌着，他喜欢到生产建设第一线，看看那些曾经朝夕相处的伙伴，慰问那些坚守工作岗位、过节不休息的人们。

这时，办公厅一位秘书快步走进会场，径直向赵宏走来，对他小声说道：“赵部长，中南海打来电话，请您过去一趟。”

听了这话，赵宏心里“咯噔”一下，心想：“秦山核电厂真的出大问题了？”林宗棠没让自己去秦山，那就不去，但对秦山核电厂建设工程，他心里还是有数的，也是有底的。尽管没有经验，但奋战在施工现场第一线核工业最优秀的建设大军却是不遗余力没日没夜地工作着，就算有点问题也不奇怪，改了就行嘛。

可当他走进中南海国务院会议室，看到的是一张张严肃的面孔，他感到会场上气氛的紧张。赵宏没说话，按照李鹏副总理的示意坐了下来，会议继续进行。由国家经委副主任林宗棠同志带领 15 位专家组成的调查组从 1987 年 1 月 20 日到 25 日对秦山核电厂的工程质量和管理进行了详细的调查。此刻，他们正在向国务院领导李鹏汇报。李鹏一字不漏，认真地听、认真地记。调查组专家们一致意见是：秦山核电厂建设工程整体质量合格，但确实存在不少问题，必须严肃对待，认真解决。

会议结束的时候，李鹏叫住了赵宏说："赵宏同志，你是搞基建工作的，对现场比较熟悉，你去兼任秦山核电公司的总经理吧，好好抓一抓这个项目。"

李鹏是个性格比较温和的人，平日说话语速不快，但他最后对赵宏说的话却是如雷贯耳："如果秦山核电厂工程建设出了事，我就拿你是问！"这句话让赵宏永远铭记在心。

由国务院领导同志亲自指名道姓任命一个副部长级领导干部为一个基层单位的总经理，这在过去并不多见。赵宏能够掂量出其中的分量，中国必须发展自己的核电技术，但我们确实没有可以借鉴的经验。中央领导把这个艰巨的任务交给自己就是对他赵宏的巨大信任，他在感到巨大压力的同时，更感到无比光荣。他也知道，面对秦山核电厂工程建设目前的状况，这个任务就如同当年红军过雪山草地一样，走在队伍最前面的人，一定是第一个可以走出困境的人，同时也有可能是第一个摔下万丈深渊、掉进沼泽陷阱的人。但他不怕，提着脑袋干革命，他赵宏不是第一个，他相信自己也绝不会是最后一个，只要是党的号召，只要是祖国的需要，就是豁出命去也在所不惜。赵宏曾经在秦山核电厂施工现场对那些对秦山核电厂工程建设怀有质疑的人大声说过："如果秦山核电厂不能安全运行，这个历史责任由我来负！"

1987 年，国务院下发了（1987）15 号文件，转发了检查组《关于秦山核电工地有关问题》的报告，同时任命赵宏兼任秦山核电公司总经理。

1987 年 3 月 2 日，国务院文件发到核工业部，部党组根据国务院文件精神决定成立核工业部秦山核电公司，任命赵宏同志兼任秦山核电公司总经理，实行总经理负责制，对秦山核电厂的建设和运行负全部责任。

从这一天开始，这个历史责任，赵宏想不负都不行了！

然而，这样的历史责任，也不是想担就能担得了的。

这一年 4 月，东北大兴安岭的一场大火，林业部部长被撤了职。从这时起，在官场上似乎出现了谁出问题就撤谁的连锁反应。到了秋天，在从北京飞往新疆的飞机上，李鹏和核工业部部长蒋心雄陪同中央领导去考察。中央领导在听到秦山核电厂建设中出现的问题时，严肃地问："这个工程项目谁负责？"

李鹏说："是赵宏。"

中央领导说："撤了他不行吗？林业部部长能撤，赵宏为什么不能撤？"

李鹏顿了顿说："这个人我认识，他还能够工作，再让他工作一段时间看一看吧！"

赵宏，这位核工业部副部长兼秦山核电公司总经理，留给他的只有一条路可走了：只许成功，不许失败！

7 秦山补天

赵宏深知“亡羊补牢，未为晚也”的道理。

秦山核电厂建设工地出现问题，不论大小都不是偶然的，而是一个必然的结果，但责任不在我们的各级领导，更不在经受着风吹日晒、工作在建设第一线的广大职工，他们为建设我国大陆第一座核电厂拼尽了全力。问题出在我们不懂得怎样建设核电厂，我们有热情，有干劲，却缺乏经验，更缺乏一种意识，一种能够规范自己行为的意识。

1986 年，国务院颁布《中华人民共和国民用核设施安全监督管理条例》，成立不久的国家核安全局也发布了包括《核电厂、核电厂物项和服务采购中的质量保证》《核电厂质量保证》《核电厂设计中的质量保证》《核电厂物项制造中的质量保证》《用于沸水堆、压水堆和压力管式反应堆的安全功能和部件分级》《核电厂内部非放射物及其二次效应的防护》《核电厂建造期间的质量保证》等十几个在内的我国有关核电建设方面的第一版法律法规。

立了规矩就好办了，按规矩做就是了。赵宏当了总经理做了三件事。第一件就是要求各参建单位必须根据国家颁布的核安全相关法律法规，尽快制定出与自己工作相关的工作法规条文和工作程序，制定符合核电厂建设项目管理的管理方案和模式，同时，加强现场领导、整顿管理秩序，充实质保人员，健全完善质保体系。

这一措施为核电厂今后的管理者加强核安全文化建设、确保核电厂长期安全可靠经济运行打下了坚实的基础。

第二件事就是把已经出现问题或者怀疑可能要出现问题的建设项目，特别是国务院检查小组年初在秦山核电厂施工现场检查时提出的意见，认认真真地一项一项地检查，一个一个地落实。核无小事，因为再小的核事，都是天大的事，赵宏今天就是要把这个天一块一块地补起来。

不是说秦山核电厂安全壳筒身 20 米以下混凝土有质量问题吗？有没有问题专家说了算，科学说了算。赵宏请来了中国建筑科学研究院建筑工程材料及制品研究所（简称“建研院”）和冶金部建筑研究总院（简称“冶研院”）对安全壳筒身 20 米以下混凝土进行全面检测。检测的主要内容包括：安全壳筒身 20 米以下混凝土的总体抗压强度，施工缝、局部“冷缝”混凝土的结合力（抗剪强度为劈裂抗拉强度），设备闸门和应急人员闸门周围管道和钢筋密集区混凝土的密实性等，有要求和标准的都查过了。

建研院采用实验室试验——模拟段检测——安全壳实体检测的技术路线和超声——回弹综合法检测、模拟段取芯校核法检测混凝土的总体抗压强度。

冶研院采用无胀拔法检测混凝土的总体抗压强度。他们分别对各自取得的数据进行综合统计分析。分析结果都表明，安全壳筒身 20 米以下各施工层及总体的混凝土抗压强度满足设计和国家规范的要求。

两个研究单位对施工缝和“冷缝”的剪切试验、劈裂抗拉试验结果都表明安全壳筒身 20 米以下混凝土施工缝和“冷缝”的抗剪强度满足设计要求，并有较大的安全储备，说明秦山核电工程安全壳筒身混凝土的质量是符合设计和规范要求的，关于混凝土质量的疑虑可以消除。

1987 年 9 月 18 日至 20 日，核工业部科学技术委员会邀请专家和工程现场有关单位分别对建研院和冶研院关于安全壳筒身 20 米以下混凝土质量检测结果进行了审查。

专家对建研院和冶研院的检测理论依据、检测技术路线、检测方法、检测器具、手段、检测数据处理、检测结果和检测结果评价所依据的标准进行了认真审查。

专家们认为建研院和冶研院的检测工作是可信赖的，检测结果反映了安全壳筒身混凝土的内在质量是合格的。

专家们分别在两份检测报告上签了字。

第三件事是对那些费了一番周折还无法解决的问题，如：大小牛腿的问题。赵宏果断决策：推倒重来。

赵宏补天，绝不是一件轻松的事，也不是凭一己之力就能办到的，他要感谢一个人，一位老领导、老专家，一个令他尊重的人。这个人就是担任过二机部副部长、中国第一任国家核安全局局长的姜圣阶。这位 20 世纪 60 年代在四 0 四厂领导中国第一个大型军用生产反应堆和核燃料后处理厂建设，对后处理工艺流程进行两项技术创新，使中国钚生产技术达到世界先进水平的老专家，在中国大陆建设第一座核电厂遇到巨大困难的时候，他领导下的国家核安全局，在保证安全监管的前提下，积极主动想方设法帮助和支持核电企业建章立制，做好预防，为核电企业走上正常发展道路做了大量的工作。他们的理解和支持让赵宏和他的同事们深为感动。

8 一封公开信

秦山核电招待所，205 号房间。赵宏在这里度过了辉煌而难忘的 8 年时光。既然是国务院任命的总经理，就要对得起这份工作。赵宏在这里安营扎寨。

那段时间，每天晚上赵宏在看完新闻联播之后，就召集参与工程建设的各单位总结一天工程进展情况，对每天发现工程中存在的问题，分类整理，能解决的，当场解决；靠自己的力量不能解决的，他出面协调；通过赵宏协调也解决不了的，即刻上报，督促解决。每周还开一次大会，对工程的每一个阶段、每一个技

术难点、每一次设备攻关、甚至每一个工作人员的特点都了如指掌，这也是他在工程建设的关键时刻，能够迅速做出准确判断和果敢决策的依据。

在现场管理工作上，赵宏提出分工负责制：四位副总经理中，陈曝之负责现场施工，钟兆府负责设备及采购，张怀麟负责生产准备和人员培训，方诗经负责生活后勤保障；林德舜是党委书记，负责企业思想政治工作和党组织的建设。大家有分工有合作。赵宏自己负责协调：既协调上下关系，也协调左右关系。建立起了强有力的指挥系统后，遇到困难和问题就可以及时解决。他最喜欢说的一句话是：你们是出力干活的，有问题有困难找我，我来解决；工作中有了成绩也是你们的，有批评有责任我一个人担着！

这样的工作格局形成后，陈曝之、张怀麟、钟兆府、方诗经被人在私下称为赵宏的四大金刚。赵宏听了后，哈哈一笑：四大金刚有什么不好，四大金刚就是秦山核电厂的四大骨干力量嘛。接着，赵宏在企业内部实行投资分片包干责任制，把质量、进度、投资三大控制落实到各基层，按照投资节余和劳务收入来提取奖金。在那样的情况下，干好工作还有奖金，不仅重新树立了广大干部职工的信心，也极大地调动了工作积极性。

有一天，赵宏收到了一封不同寻常的信，这是一封公开信，写信的人是核工业部部长蒋心雄。信中表达了中央有关领导对秦山核电工程建设的关心和对现场领导工作作风的关注。这封信让赵宏感到了巨大的思想压力：我是一名共产党员，我服从组织安排，只要组织上还让我在秦山核电公司总经理的位子上干一天，就会尽职尽责地干好一天，决不放弃，决不退步。

“既然是公开信，就应该让秦山核电厂全体建设者知道。”赵宏马上请办公室安排召开大会。

第二天下午，天空下着瓢泼大雨，秦山核电公司全体干部职工以及参加秦山核电厂工程建设所有单位的职工代表冒雨来到海盐县电影院。

赵宏在会上宣读了蒋心雄部长的信。在他看来，这封公开信是中国核电建设历史最早的一份领导干部责任合同书。他诚恳地告诉大家：“核电建设事业是我们大家共同的事业，我们要努力做好工作，变被动为主动。对我赵宏而言，工作靠要大家来完成，但责任由我来承担。”赵宏诚恳的态度和敢于承担责任的精神感动了在场的每一位干部职工，这次大会是一次动员大会，一次凝聚人心、振奋精神的大会，一次吹响号角向核电工程建设发起冲锋的大会。

社会上关于秦山核电厂的很多负面传说，也传到张爱萍将军的耳朵里。将军在家坐不住了，1987 年 5 月，他带着朱光亚、伍绍祖和科工委的部长们赶到了秦山核电厂建设现场。他对陪同前往的核工业部部长蒋心雄和赵宏一脸严肃地说：“我是来检查工作的，不是来参观的！”而他这一次来与上一次来仅仅隔了一年的时间。

蒋心雄和赵宏都能读得懂将军话里的含义：他是要亲眼看看秦山核电厂到底怎么样了，他要了解最真实的情况。赵宏告诉他：现场正在整顿，被动局面正在努力扭转。

将军不客气地提出了批评，有些事做得就是不好，施工现场和管理必须改进，同时他对社会上有一些人说的悲观绝望、灰心丧气的话表示坚决反对。将军认为，有批评是好事，有批评才会进步，对核电厂建设来说还没到不可救药的程度。张爱萍从秦山回到北京后，再次向党中央、国务院做了汇报，全力支持秦山核电厂建设。

赵宏被深深地感动了，老将军虽然批评了自己，但他对中国自己培养出来的核工业建设大军给予了充分的信任，他相信依靠中国人聪明和智慧一定能够建成中国自己的核电厂。赵宏感到老将军给自己以巨大的支持和力量，增添了战胜一切困难的勇气和信心。

经过大家的日夜鏖战和艰苦努力，到 1987 年 10 月，秦山核电厂建设工程现场整顿和治理初见成效。国家核安全局、秦山核

电公司及参建单位再次向国务院做了一次全面汇报，李鹏副总理听取了汇报。

在这次汇报会上，赵宏做了充分的准备。国家核安全局首先发言，在经过半年多全方面考察后，对秦山核电厂建设工程各项工作给予充分肯定，他们给出的结论是：问题已查清，也得到了解决，赞成工程建设继续进行。赵宏对如何查明问题、又是如何解决问题，进行了详细的阐述和说明。

会上，李鹏作出了“迄今为止，秦山核电厂的工程质量，是符合要求的，是使人放心的”结论，并表示秦山核电厂建设工程可以继续进行。

说完工程情况，李鹏关切地问道：“还有什么困难吗？”

“有。钱不够。”赵宏马上接口说道：“过去，我们没经验，想的简单了，要求也低了，现在从设计到施工到设备，增加了很多安全措施，科技攻关项目多了，费用加大了。对设备制造和采购价格缺乏必要的了解，原来预算的8.15亿元已经远远不够了。”

李鹏问：“你说多少够？”

赵宏果断地答：“12亿。”

李鹏沉思了一下微笑道：“好。给你12亿！”

李鹏痛快地答应了，也没有要求赵宏再去好好算算，因为他对核电工程建设需要多少钱同样是心中有数，对赵宏也是极大地信任。不久，国家计委正式下文将秦山核电工程的概算调整为12亿元人民币。

9 谁主沉浮

当我们迈开大步开始建设核电厂的时候，中国的大门已悄然打开。中国在走向世界的同时，也开始了与各国企业间的合作与较量。

核级设备的高质量和高要求，在当时国内制造能力还无法满足，秦山核电厂部分关键设备只能是国外采购，阻尼器选择在美国订购。

在与美国企业签订合同付清货款后，阻尼器很快制造完成，在准备运往国内时却被美国海关扣留了，理由是这是敏感设备，美国政府不允许出口到中国。

设备采购人员找到美国公司，人家两手一摊说，这不是我的问题，政府卡了我们也没办法。

得知情况后，赵宏找来总设计师欧阳予商量对策。技术人员开始加班查找资料，认为阻尼器的技术含量并不很高，依靠自己的力量完全可以解决。经过试验和论证，技术人员很快就将阻尼器的设计图纸拿了出来，在国内制造出完全合格的产品。

主泵是核电厂重要设备，由德国一家企业生产制造。当主泵运到秦山现场，开箱验收时才发现泵轴在尺寸上和设计上存有缺陷，应该送回德国处理，修好了再送回来，这是国际上通用的召回制度赋予我们的权利。诚实守信的德国人说，你们把这个轴送回德国吧，修好了再给你们送回去，来回所有的运输费、修理费全部由德国企业负担。

德国那边的问题解决了，秦山核电公司内部却出了争议。有人担心德国海关也像美国海关一样送得进去却拿不出来。赵宏认为应该尊重德国人的意见，既然德国人承认是自己的问题，他就会承担这个责任。而且，第一次出关德国海关并没有阻挠，更为重要的是这个问题我们自己解决不了，总不能因为主泵而影响全局吧。所以，赵宏主张送回德国返修。可担心的人依然不放心，对赵宏说：这是你的决定，你要签字并承担一切可能发生的后果。赵宏坚定地说："好！我是总经理，这个字我来签。"

"赵宏决定将主泵送回德国返修，如果出现问题而影响核电厂建设进程，赵宏自愿承担全部责任。——赵宏"

赵宏的判断没有错，德国企业修好后重新做了检测，完全合格后及时送回秦山现场。

连接主泵的主管道也是核级设备。主管道有 16 个焊口，安装与焊接有一套严格的操作和管理程序，包括人员培训、焊接程序、无损测定等。

赵宏准备用 10 万美元购买日本三菱公司的一套焊接程序。他亲赴日本讨论相关问题，三菱公司同意了，日本通产省也通过

了，但日本外务省却不批准，说是如果要卖给中国必须有附加条件，即今后凡是在中国国内建造的核设施都要由日本方面派人来检查和监督。

赵宏一听拍案而起："你日本人建核电厂要让我们中国人监督吗？"这是主权问题，赵宏不让步。

"回去。不谈了！我们自力更生，依靠自己的力量一定可以焊接好主管道。"撂下这句话，赵宏启程回国。

赵宏和欧阳予这对"黄金搭档"商量后决定，拿出钱来在现场建立主管道焊接攻关实验室，邀请清华大学教授潘际銮做顾问，由王相礼、吕华祥和设计院等人成立攻关组，选拔技术骨干，培训专业人才。经过多次反复试验，最终获得了成功，得到了国际原子能机构的审评认可。那些日子，赵宏每星期都要去实验室，了解情况，及时解决各种困难，为技术人员提供有力保障。

1987年，在秦山核电厂建设过程中，是一个不比寻常的一年，经受严峻考验的一年，也是战胜困难，大步向前的一年。

在设计方面，施工设计除微波站和海堤下排水两个子项外，其余50个子项6月底全部完成。复查中发现的问题已基本得到解决，个别突出问题由核工业部科技委审查并确定解决方案。

在设备制造方面，共有设备5192项，已订货3826项，占总数的73%，设备总投资为53 168万元。到年底，已有587项设备运到施工现场，包括进口设备36项。

核电厂计算机在法国验收完毕，正准备装箱起运。发电机制造完成，随时可以起运回国。蒸汽发生器、稳压器、汽轮机、堆内构件正在加紧制造，除蒸汽发生器外，都能满足施工进度要求。在设备保管方面，修建了39个简易仓库，解决已进厂设备保管的问题。

在工程进度方面，反应堆厂房安全壳筒体混凝土已经到顶，内部结构浇筑到地面以上12米层，占内部结构总工作量的75%以上。汽轮发电机厂房全部柱、梁、屋架吊装完毕，屋面已大部完成。

在设备安装方面，环吊已安装完毕，正在组织调试。通风平台网架、安全壳穹顶钢衬里已经拼装完成，具备吊装条件。

在燃料组件生产方面，燃料组件试制工作已经完成，生产工艺技术条件已确定。生产燃料组件的资金得到落实，12 月下旬与制造厂商核工业八一二厂签订了供货合同，八一二厂在年底正式开工生产。

在调试和生产准备方面，年初成立了调试办公室和调试专业组，总工程师钱剑秋任调试队长，七二八院耿其瑞任副队长，俞忠德及孙光弟分别任调试技术组及管理组组长。初步确定调试项目，开始编写调试细则。收集和翻译 430 万字的外文资料，选编运行手册和培训讲义，有 900 多人参加了培训。

在职工生活方面，由于秦山核电公司职工来自祖国各地，特别是从北方来的同志对南方冬天寒冷的气候很不适应。主管生活的方诗经找到赵宏说：冬天太冷，许多职工在家休息不好，能不能给职工家里安装暖气？按国家政策，长江以南是不允许装暖气的。

赵宏想了想说："请大家共同努把力，请施工、设备采购、管理等方面千方百计节约点费用，再让职工集资一部分，把这件事搞成吧。"就这样，秦山核电公司的职工住进了有暖气的房子。后来，有关方面来查这件事，赵宏实事求是地做了汇报，职工家里的暖气也就被认可了。

1987 年 9 月 9 日，国际原子能机构总干事汉斯·布利克斯来到秦山，站在 45 米平台上俯瞰建设工地说：工程现场很雄伟也很漂亮。他离开秦山到香港访问时，对记者多次发表谈话：秦山核电厂的设计是好的，是符合国际要求的。秦山核电厂的技术人员很有水平，工作做得很好，可以保证安全运行。

10　发电时分

1991 年 12 月 15 日零时 15 分，秦山核电 30 万千瓦核电厂并网发电，实行了中国大陆核电“零的突破”。1991 年 12 月 18 日，《人民日报》《光明日报》《经济日报》《工人日报》《解放日报》《浙江日报》等全国各大媒体正式发布秦山核电厂并网发电的消息。

这一天，是许多人期盼却无法预见的，但有一个人心里明白：这一天是他“军令状”里的最后期限。他是姚启明，一个地道的南方人，说起话来一口吴侬软语，却长着一副北方汉子的身板，高大而健壮，智慧而果敢。一年前，他是八二一厂厂长。

1990年12月15日上午，正在北京开会的姚启明接到电话，请他下午2点到三里河核工业总部大楼蒋心雄部长办公室谈话。

“姚启明同志，总公司党组决定，派你到秦山工作，担任秦山核电公司第一副总经理、秦山核电一厂厂长。你的任务是在一年内争取发电。给你的时间可不多呀！”蒋心雄开门见山，不留余地。“老姚，你明年1月3日报到。我给你一把尚方宝剑，你就放手大胆地干吧！”蒋心雄的话到此结束不再多说。

尚方宝剑，意味着拥有了权力，有了一种可以先斩后奏的权力。一年！就给一年的时间。姚启明需要这样的权力。建设好中国大陆第一座核电厂，是核工业人的愿望，是核工业新的发展时期的起点。然而，要拿下工程谈何容易！一方面大家的期望值很高，要求很高，另一方面是条件有限，缺乏经验，问题不断，有时候就像蛮牛掉进水井里，有劲使不上。秦山核电厂从1985年3月20日正式开工建设到现在已经5年多了，按照1983年7月制订的建设工程一级网络计划，建设总工期为52个月，1989年6月就应该并网发电了，可现在，工期一推再推。有时到北京开会，对秦山核电厂的建设是批评的多，表扬的少，有些问题听听都头痛，可此时。姚启明已经别无选择了。

秦山的问题到底出在哪里？这是姚启明首先要搞明白的。

通过现场走访，他渐渐感觉到由于发电日期一推再推，职工思想中弥漫着焦急和失望的情绪，劳动纪律日渐松懈。时常能看到职工偷偷吸烟后将烟蒂丢在电缆管道的沟槽中；私用电炉子烧水做饭；劳动纪律检查，就有人打电话通知，职工间互相包庇，缺乏正气和强有力的制度约束；有时出言不逊，说出“核电厂发不发电关我什么事”这样的话；晚上值班睡觉，甚至上班时间在岗位上打扑克，水龙头关不紧，下班不关灯。“这还哪里有一点点主人公精神！这支队伍还有什么战斗力，怎么能打好并网发电这一场硬仗？”姚启明问自己。

他第一次要车进厂区竟然没有要到，车队答复要经过主管领导同意才能出车：“我一个厂长连车都要不到，其他生产管理人用车就更别说了。”在核电厂开始调试即将并网发电的时候，这样的管理模式显然与当前中心任务和要求不相适应，缺乏必要的统一和协调。

姚启明出手了，用他手中的“尚方宝剑”。

1991 年 3 月 8 日晚上，召开了公司党政领导会议。在调整组织机构、工程收尾与调试、生产准备、精神文明建设、后勤保障、公司会议制度等方面做出部署和安排。会议的中心议题只有一个，就是一切为了并网发电，包括车辆的值班保证。姚启明要求大家做好岗位责任制、巡回检查制、交接班制、考核考勤奖惩制、区域卫生责任制、安全生产责任制、事故分析和报告制度的建立和落实，抓好工作纪律和劳动纪律的教育，从班组开始，从基层开始。

一个月以后，姚启明感受到了职工发生的变化。

领导干部们变了，经常进厂带头打扫卫生、清理垃圾，召开的会议多了，传达的文件多了，订立的规矩多了，许多事情有人管了，有事找领导也找得到了。这是姚启明要抓的第一项工作，领导干部就是要以身作则，敢抓敢管走在前面。见到好处就伸手，见到得罪人的事就开溜，喜欢推诿扯皮，对这样的领导干部，姚启明不客气，不留情。

职工的精神面貌变了，办公室清洁了，迟到早退的少了，更换了新工作服，要求职工统一着装上班。统一的工装让这支队伍整齐了起来。这是姚启明要抓的另一项工作，从基层抓起，从最小的事情上抓起。姚启明有一个理念，企业生产就是要有组织有规矩，企业里的员工就必须服从和遵守这些规矩和制度，对核电这样的企业规矩更多，制度更严，核电企业里的每一名员工都必须按规矩、制度办事。

半年后，1991 年 6 月 28 日，姚启明签发了秦山核电一厂《关于加强岗位纪律和文明生产管理的通知》，要求领导干部和机关工作人员带头执行，并把执行情况与奖金分配结合了起来，文件将从 1991 年 7 月 5 日起执行。这是一个措辞严厉，规定细致的文件，涉及劳动纪律、岗位纪律、生产安全制度、公共设施、岗位卫生、夜间值班等方方面面。这个整顿劳动纪律和生产秩序的文件是姚启明要抓的第一手：抓制度建设，抓贯彻落实。事无巨细，只要立了规矩就按规矩办。有的人接听电话特别是重点部门的人，电话响了拿起来不说话，或者说完话不理不睬不执行，姚启明就定下规矩，要求打出或接听电话的人，必须首先自报家门，并且安装录音电话，备查。就这样，规矩一个接一个地立，小事

一件接一件地抓，时间长了人们习惯了，就接受了。姚启明能感觉到大家的思想意识变了，主人公意识渐渐增强了。

姚启明“双整顿”结出了硕果，全厂职工的精神面貌焕然一新，工作积极主动，效率大大提高，进度大大加快，他要用全新的厂容厂貌和崭新精神风貌迎接秦山核电厂并网发电那一刻的到来。

年内发电的目标已是指日可待。

1991 年 3 月 27 日，秦山核电厂第一次启动汽轮机进行冲转试验。

1991 年 8 月 8 日，秦山核电厂首炉 121 组燃料组件全部安全顺利装入反应堆。

1991 年 10 月 31 日，秦山核电厂首次临界试验获得成功。

1991 年 12 月 10 日，在秦山核电厂并网发电前夕，秦山核电公司在厂区实行工作午餐，标准：每人每餐 1.2 元，主食自理。

1991 年 12 月 15 日零时 15 分，秦山核电 30 万千瓦核电厂并网发电一次成功，实行了中国大陆核电“零的突破”。

一年！整整一年！姚启明很欣慰，如期完成了中国核工业总公司交给的任务。这一刻，不仅向全世界证明了中国，也证明了姚启明自己。

11 首台模拟机

1990年夏天，赵宏找到张怀麟说道："老张，电厂再有几个月就要发电了，运行人员的培养和培训设施还是要靠我们自己。全范围模拟机是件大事，除了自己用以外，还要培训巴基斯坦恰希玛核电厂第一批上岗的运行人员，如果赶不上他们培训的时间，我们还要把他们送到第三国去培训，那我们的经济损失就大了。所以，你要尽快着手把模拟机搞出来。"

张怀麟对研制中国自己的模拟机想了很多年。秦山核电厂是我们自己设计建造的，也要有自己的全范围模拟机来培训运行人员。

可是，研制生产一台全范围模拟机谈何容易。从国外请人设计制造，人家张口开价就是1700万美元，最低也要1400万美元，这在当时秦山核定的总投资中根本无法接受，而核工业内部从事仿真技术的单位刚刚起步，缺乏足够的技术支持。

张怀麟想到了一个人。他叫王日清，秦山核电厂第一代运行值长，一个见证了中国大陆第一座核电厂并网发电历史瞬间的人。1991年12月15日凌晨，当时他作为秦山核电厂高级操纵员、主控制室当班值长向全世界宣布了秦山核电厂并网发电成功的消息。

王日清当时是秦山核电公司培训中心副主任，张怀麟让他负责全范围仿真模拟机的开发和研制工作。接受任务后，王日清深知全仿真模拟机对核电厂培训工作的重要性。面对各种困难和重重压力，向张怀麟说出了他的心里话："张总，搞不出咱们自己的模拟机，我就去跳东海！"

王日清开始在全国范围内寻找仿真技术。他发现地处广东珠海的亚洲仿真控制系统工程（珠海）有限公司具有开发秦山核电厂模拟机的实力和愿望。双方经过多次谈判，在1992年初签订了合作研制协议。

秦山核电30万千瓦核电机组全范围模拟机是我国自行研制的第一台核电厂全仿真机，其特点是实现了对仿真对象的全范围、全过程和高逼真度的实时仿真。这台模拟机研制项目，1993年在广东被列入国家级火炬计划，经过亚洲仿真控制系统工程（珠海）有限公司和秦山核电公司科技人员的共同努力，历时33个月，耗资545万美元，研制成功，各项功能和技术指标均达到或超过世界公认标准。1995 年 8 月 18 日，通过国家级火炬计划项目验收，随后通过中国核工业总公司的成果鉴定及验收。全范围模拟机的成功，填补了我国在这一技术领域里的空白。因此该项目被评为“95 年全国十大科技成就”，1998 年被评为国家科技进步二等奖。

这台模拟机采用模块化结构，实时标准化设计，整体模型划分为 25 个分系统，每个分系统由若干个软件模块组成，采用二群三维堆芯物理模型，使数值精度和计算速度有量级的飞跃。反应堆热工水力模型是基于能量、质量、动量守恒方程的非均匀、非平衡两相流模型，并采用临界流模型计算破口流量，实现了实时与分析功能的完美结合。仿真机在功能、技术性能和主控室环境模拟上达到和超过国际通用标准。

1995 年夏天，秦山核电公司派出年轻的科技骨干队伍来到珠海参加模拟机的验收工作。这是一支由秦山核电厂第一批值长和操纵员蒋国元、方通球、朱晓斌、余修敏等骨干力量组成的年轻队伍，这是一支让张怀麟、王日清感到放心和欣慰的年轻队伍，这是一支担负着培训核电厂新操纵员重任的承上启下的年轻队伍。1996 年 1 月，全仿真模拟机运抵秦山现场安装调试，3 月，首先为第一批来华学习的巴基斯坦恰希玛核电厂主控室操纵员进行培训。

当这台模拟机投入培训教学的时候，张怀麟也离开了领导岗位，当他走进秦山核电公司培训中心模拟机室，看着仪表盘上闪烁的灯光，看着培训人员的认真、严肃而又胸有成竹的操作表情，他的心里是欣慰和满足。这台模拟机可以通过初始条件的选择，从启动、停止、负荷变化等各种工况开始培训，在学习操作过程中，还可以冻结暂停，以便于老师的深入讲解和学员之间的讨论，模拟过程可以回放、重操、放慢、加速等，大大提高了培训效率。还可以让那些已经走上操纵员岗位的运行人员回来往复地接受训练，积累经验，提高分析判断能力和操作技能，温故而知新。

如今，王日清已为古人，但他亲手建成的模拟机依然发挥着重要作用，一代又一代核电人在秦山成长，在秦山锻炼，又从秦山走向全国。如果说，秦山在中国的核电发展史上是一块砖的话，那么这一块砖，就是中国核电事业的奠基石。这不是一块普通的石头，她承载了太多的艰辛，饱含着太多的情感，她是许多中国核电人的心灵归宿。因此，建好秦山核电，今天的后来者，责无旁贷。

12　T4 事件（1）

1991 年 12 月 15 日，当人们度过了令人难忘的不眠之夜后，1992 年则是让人充满着期望的一年。

欢庆并网发电的锣鼓声和爆竹声还在耳边回荡，压抑了多年的情感仍然在一丝一缕地释放着。核电机组顺利完成各个功率阶段的调试任务后，在 1992 年 7 月 17 日从 25%—50%—75% 达到 300 兆瓦电功率运行，秦山核电公司洋溢在春天阳光般的喜悦之中。鉴于中国大陆第一座核电厂建设和运行取得的成功，国务院领导决定在 1992 年 8 月 15 日在秦山核电 30 万千瓦核电厂召开现场会，总结建设经验。

然而，看似晴朗的天空却是乍暖还寒。

1992 年 8 月 9 日，在反应堆停堆设备检修中发现驱动机构重要设备由于设计原因，出现裂纹。

裂纹，引起了姚启明的高度警觉。

在公司如何解决问题的讨论会上，人们很快就形成了两种处理意见。一种意见是先修补，启动反应堆发电，迎接国务院核电领导小组秦山现场会的胜利召开，因为这实在是一次难得的荣誉和展示自我的机会；一种意见是查清问题，进行全面整治，以保证秦山核电厂现在及未来的安全运行，但必将影响到现场会的召开。

姚启明决定先向中国核工业总公司报告情况，很快得到了指示：请秦山核电公司先拿出具体意见。

无人可问就问自己吧。姚启明马上召开秦山核电公司安全委员会，13 名委员有 12 名同意和支持进行全面整治计划。

姚启明又面临着一次新的选择，巨大的思想压力再次笼罩在他的心头。他选择了全面整治的方案，也承担起了由此带来的风险和责任。

姚启明在心里给自己算了一笔账：如果不进行全面整治，先修补再发电，隐患和风险在后面，而且这样的隐患和风险有可能是毁灭性的，是不堪设想的；选择马上进行全面整治，停堆停机折腾一下，如果没有再发现新的问题，而是由于小题大做，影响到国务院核电领导小组秦山现场会的胜利召开，影响到秦山核电厂的顺利运行，姚启明就必然要承担这种政治影响所带来的政治责任，而这样的责任可能会影响到姚启明的政治前途。

姚启明选择了担当。他不能拿中国大陆刚刚起步的核电事业冒险，而对个人要承担的政治风险看得很淡，因为两者是根本无法比拟的。

10天后，8月19日，国务院核电办公室向秦山核电公司发出《关于国务院核电领导小组秦山现场会延期召开的通知》，将会议推迟举行。

9月1日，中国核工业总公司总经理蒋心雄、副总经理赵宏、黄齐陶和马福邦助理在听取欧阳予总设计师关于8月31日与国家核安全局对话及9月1日上午姚启明电话情况汇报后，同意彻底整治方案。并决定成立现场领导小组，姚启明为小组成员，欧阳予为组长。

两个月后，查明裂纹情况。

姚启明暗暗有些吃惊，也有些庆幸，他没想到问题会这样严重。核电厂停堆停机已经2个月了，何时修好发电，姚启明心里还没有底。在对设备进行计划检修过程中，姚启明提出用2个月的时间开展职工思想政治、业务素质培训。

13 T4 事件（2）

1992 年 9 月，江南已是秋意正浓时，收获的快乐在宜人的气候里散发着，人们在享受着。而这时的姚启明带着徐俊栋、朱瑞法和上海核工程研究设计院的材料专家张晨，飞赴四川成都，他们要找四川省副省长蒲海青。

“蒲省长，请你下令，请江油长城钢厂为我们加工这批钢管！”姚启明在向蒲海青介绍了秦山核电厂目前的状况后，急切地说明了自己的来意。

听完姚启明的汇报，蒲海青的神情严肃了起来：“老姚，你们先去看，长城钢厂有没有你们想要管子。如果有必要，省里可以下文件，支持你们！”

在四川工作 20 多年了，姚启明对江油长城钢厂的技术和能力非常了解，现在又得到了省长的支持，他相信，按照自己的要求长城钢厂是能干好而不会干差的。

江油长城钢厂以生产特种钢材为主。姚启明到了厂家，人家说没有你要的现成产品，但有符合你们要求的锻钢件，可以马上为你加工符合要求的合金钢管。

这批钢管质量要求很高。一个月后，江油长城钢厂加工完成，姚启明又请八二一厂先垫付几十万元货款，派车把钢管从四川送到浙江海盐的秦山核电厂。

钢管的问题解决了，接下来就是焊接。在焊接之前要做焊接工艺评定试验，试验合格后报国家核安全局同意后才能实施钢管焊接。

焊接试验是在上海锅炉厂进行的。姚启明带着一个电焊工程师、两个技术高超的电焊工、一个司机、一台车，昼夜不停地做试验，直到农历 1992 年小年夜才全部做完回家。

焊接可以开始了。可一动手又出现了问题，钢管接上后由于材料受热向内膨胀，使内壁管径变窄。情况反映到姚启明那里，他问："怎么办？"却没人接话。

姚启明拿起电话打给冯明源，却无人接听，又打到检修部办公室："我是姚启明，你去通知冯主任，请他到我这里来。"

不一会，检修部主任冯明源到了。"老冯，你们是学机械的，你看能不能在套管内加一个膨胀头，焊接的时候夹在里面，让钢管向外膨胀，焊好冷却后再取出来。"姚启明说。

冯明源回去后很快就设计、加工出了膨胀头，一试，效果很好，高兴地向姚启明报告："姚厂长，你的主意是对的，问题解决了！"这个技术难度不高却影响进度的小障碍就这样跨过去了。

这边开始焊接新钢管，上海核工程研究设计院（以下简称"设计院"）那边电机试验也在进行，还没达到规定的使用要求，电机不行了，线圈烧了。姚启明马上带上自己的电机专家和机械专家赶往上海。

在试验现场，打开烧毁的电机，原因很快就查明了，线圈出线和进线并线时距离太近，形成局部电流增高将绝缘层击穿。姚启明又马不停蹄地赶到电机生产厂家——上海先锋电机厂，拆开一台准备出厂的电机，里面出进并线的距离还是很近。姚启明有些生气："你们上海先锋电机厂是全国最好的电机生产企业，怎么会犯这样的低级错误？"人家回答："这不怪我们。设计院只给了我们设计图纸却没给说明书！"设计院的人一听急了："这是基本常识，你们是老机电了，还用我们的说明书吗？"

姚启明哭笑不得，不再纠缠责任，他要的是解决问题的办法。姚启明对上海先锋电机厂副厂长和车间主任说："你们看怎么办？我的意见是重新加工。"

"姚厂长，300多台电机重新加工肯定是来不及的，时间太长对你核电厂损失很大。我们返工，按要求重新缠绕线圈。你看怎么样？"上海先锋电机厂副厂长提出了自己的意见。

"质量要保证！"姚启明说。副厂长答道："请你放心！你的责任就是我的责任。"

14　T4事件（3）

姚启明把朱瑞法留在了上海先锋电机厂监督返工。考虑到工人们返工要连夜加班，姚启明给朱瑞法特批 1 万元，给工人们买些方便面、水果和香烟。这是关心，更是鼓励，姚启明心里明白，秦山核电厂能够早一天发电从经济角度来说就意味着几百万。结果，当初说好的 3 个月的工期只用了一个半月就干完了，全部检测合格交付使用。

1993 年 3 月 12 日，修复工作全部完成，秦山核电厂在停堆停机 8 个月后并网发电，比原定 3 月 25 日计划提前 13 天。

这8个月让姚启明感慨万千，这8个月并不比当初向蒋部长立军令状的那一年轻松。秦山，中国大陆第一座核电厂每往前跨一步，都会遇到以前从未有过的各式各样的问题，这些问题一个一个摆在我们的面前，如果我们都不去勇于承担责任，主动做工作，许多事就会随它而去，拖延下去。但他姚启明不是那样的人，为核电他敢担当，为事业他敢负责，在他的内心世界有着克服一切困难的勇气和决心。

5月13日，姚启明从赵宏手里接过秦山核电公司总经理的接力棒。

7月24日，提前完成全年发电任务。

12月15日，秦山核电厂1993年累计发电16.19亿千瓦时，提前2年达到设计发电能力。

1994年10月21日，秦山核电厂30万千瓦核电机组按计划顺利停机停堆，迎来了首次换料和计划大修。至此，核电机组1994年已累计发电17.79亿千瓦时，超额完成中核总下达的年发电12亿千瓦时的计划任务。

这次大修，姚启明期待已久，他要在这次换料大修中解决一个问题。在核电机组稳定运行过程中，姚启明发现机组发电能力只能达到28万千瓦，可国家建设的秦山核电厂是30万千瓦机组，怎么会只有28万？

姚启明的耳边又出现了两种声音：一个声音是28万千瓦就28万千瓦，咱这是中国第一座核电厂，出现问题也是正常的，改造起来又要承担风险；另一个声音是一定要查找原因，进行设备和工艺改造，使机组发电能力能够达到设计发电能力。

姚启明再次选择了承担。

他请邵向业、张延发组织攻关。经过在第一次换料大修中的详细检查，发现蒸汽发生器输排水管是75毫米的，排水管太细，水汽排放量过小，热蒸汽湿度过高，影响机组发电能力，使机组出力过低。找到原因后，姚启明把这项改进工作交给了上海核工程研究设计院继续进行。邵向业、张延发在105所经过反复试验，将75毫米的管子改为108毫米，使水汽排放加大，湿度降低，核电机组发电能力很快达到设计水平。

1995年7月13日，秦山核电30万千瓦核电厂工程正式通过国家验收，成为中国核电发展和核能和平利用史上的里程碑。

吴邦国副总理挥笔题词：中国核电从这里起步。

15 核电定价

1991 年 12 月 15 日零时 15 分，秦山核电 30 万千瓦核电厂并网发电。然而，这一刻，姚启明并不感到轻松，虽然说实现了到任一年内发电的承诺，但从建设时期向发电时期的转变才刚刚开始。在企业内部管理上，他要做好基础管理制度建设，理顺内部管理机制，完善工作计划；在企业对外关系上，他还要到华东电管局和浙江电力局谈并网、谈电价、谈条件，为公司创造外部生存环境，他要按照自己的理想打造出一个全新的现代核电企业。

姚启明心里明白，秦山核电厂能够并网发电，得益于党和政府的关心和支持，得益于全社会和广大建设者的关心和奉献。现在，秦山核电厂仍然离不开他们的关心和支持，而这种关心和支持体现在哪里？姚启明认为对核电企业而言，应该体现在税收和价格上。

从1992年开始，姚启明和余惠浓每到北京，总要到财政部大楼里走走看看说说。到有关司局讲中国核电零的突破，讲意义，讲反应堆，讲高科技，讲设计，讲材料，讲设备；还讲自主创新，讲人才培养，讲安全保障，讲投资巨大，讲后续发展。

功夫不负有心人。当人家了解核电技术、核电困难和核电发展，而且姚启明的要求与国家政策相吻合的时候，姚启明终于为秦山核电公司的发展和未来，争取到了返还增值税90%的国家财政优惠政策。这个政策，既让秦山核电公司在并网发电后度过了最初的几道难关，也让以后的核电企业在争取国家政策时变得简单了起来。

1994年4月1日，秦山核电厂投入商业运行。可在此之前，姚启明心里很不踏实，他有一个问题还没有解决：电价！

核电厂发电后，核电价格一直执行的是试运行价格：每千瓦时0.20元。那么，投入商业运行后应该是多少呢？

1993年，由于工业原材料及运输价格上涨，国家计委和电力工业部决定上调火电价格。浙江省将核电电价调高到平均每千瓦时0.39元。根据1992年国务院核电领导小组组长办公会议纪要关于“秦山核电厂上网电价，原则上每度电比当地煤电价格高2至3分”的指示精神，1994年元月，姚启明决定向浙江省物价局报告：在浙江省核电电价基础上加0.03元，核定核电价格为每千瓦时0.42元，从1993年7月1日起执行。

然而，随后的谈判却并不顺利。姚启明认为关键是地方同志没接触过核电，对核电不了解。他找到赵宏部长说，我们要交点学费，想请省物价局、电力局的同志到国外考察，看看国外核电厂是如何核定电价的。赵部长同意，委托核工业总公司财会部牵头组织。1994 年冬，考察团从德国归来。核电价格谈判进入快车道，可谈到 0.30 元的时候，谈判再次陷入僵局。

1993 年，姚启明当选为第八届全国人民代表大会代表。1994 年全国“两会”期间与浙江省副省长张启眉同在一个小组，两人相识相交。

1995 年初夏，姚启明给张启眉打电话：“张省长有时间吗？我想向你汇报核电电价的问题。”

“我有时间。你带谁来谈？”张启眉问。

“我谁也不带，自己来。”姚启明回答。

“那好，我也不带，就咱俩谈。”张启眉向姚启明发出了邀请。

姚启明放下电话赶往杭州，径直来到张启眉的办公室，向他详细介绍核电建设、运行成本及发展情况。谈到最后，张启眉同意将电价调整为每千瓦时 0.35 元。

1996 年 7 月 1 日，姚启明再次通过中核总副总经理陈兆博找到正在中央党校学习的浙江省省长柴松岳，柴松岳同意将核电价格调整为 0.42 元。

这一价格沿用至今。

16 杨柳山上

1986年1月18日，党中央和国务院根据我国经济和社会发展中日益突显的能源供需矛盾和能源结构现状，确定了“适度发展核电”方针。

秦山，中国核电的发祥地。就在它迎来30万千瓦核电厂建设大军的时候，中国核工业部的决策者又把建设双机组60万千瓦核电厂的目光投向了这里。

1986年4月，第十八次核工业部党组会议决定，将秦山核电厂划分为秦山核电厂及秦山核电厂工程指挥部两个规格相同的企业。秦山核电厂受核电局领导，工程指挥部受核工业第二研究设计院领导，以便集中专门力量、明确责任，保证秦山核电一期、二期工程建设和生产运行准备工作的顺利进行。

同时，调任广东核电建设指挥部总指挥彭士禄为核工业部总工程师、科技委第二主任（副部长级），开始负责秦山核电二期工程的筹建工作。

1986 年 7 月 2 日，秦山核电厂副厂长张怀麟被任命为秦山核电厂厂长。9 月，核工业部根据核电厂工程建设的需要，成立中共秦山核电厂指挥部临时委员会，于洪福任党委书记、秦山核电厂工程指挥部指挥长，任期四年。

1987 年 10 月 10 日，国务院领导在国家计委《关于审批秦山核电二期工程项目建议书的请示》中指示："工程建设拟采用'以我为主，中外合作'，部分引进国外技术的方式，设计和施工中的技术难点，拟向国外提出咨询，总体设计由国内承担。"为做好前期准备工作，10 月 13 日，核工业部成立了秦山核电公司二期工程筹建处，于洪福任筹建处主任。10 月 29 日，国家计委正式立项，并列为国家"八五"计划之内的重点工程。

1988 年 1 月，核工业部决定成立核电秦山联营有限公司，彭士禄为董事长，于洪福为总经理。赵宏副部长主管秦山核电二期工程建设，以便于在两个公司之间兼顾，统一调配人力和物资。

赵宏、彭士禄、于洪福等三人怀着满腔的热情、怀着建设中国自己的核电厂的抱负和理想，开始了秦山二期两台 60 万千瓦核电厂建设的筹备工作，开始了新的起点，开始了新的跨越。

好故事分头说。

于洪福对自己有幸成为中国大陆第一座核电厂的第一任厂长

感到无比的光荣和自豪。秦山核电二期工程是我国自主设计、建造的两台 60 万千瓦核电机组的商用核电厂。由于有了在秦山核电一期工作的经验教训，有了一大批在工程实践中培养造就的专业技术人员，于洪福对这项新的工作充满自信。他很快带领着从秦山一期挑选的“八个半”人轻装上阵了。本来要的是九个人，但其中一人是秦山一期计划处副处长，工作一时脱不开，只好兼顾两边的工作，因此就成了“八个半”人。

筹建工作千头万绪，于洪福与同事们商量，并广泛征求各方面的意见，排出了工作计划和进度表。首先，要选定厂址，提供设计最基本的资料；接着，要提供设计所需要的工程现场试验和设备制造试验等方面的资料；还要编制厂址安全评价报告、环境影响评价报告、可行性研究报告等重要文件。

几年前，于洪福在秦山一期工程选址时，对秦山周边环境比较熟悉。秦山一期位于秦山北麓，旁边有一座小山叫方家山，如果把秦山二期建在这里，工程施工条件等比较方便；但上面提出秦山二期厂址规划要建 4 台机组，这块地方是不够的。能不能再开辟一个厂址？于洪福与参加选址的同事又一次登上了秦山，举目远望。他看到在秦山南面几百米处有一座三面环海、主峰高 80 多米的小山，叫杨柳山，两山之间是长满荒草的海滩。一群海鸟在海滩上空从容掠过，一会又闲适地落在了草丛间。他心里一亮：如果把杨柳山挖平，填高海滩，把核岛、常规岛建在山体的基岩上，这里不正是梦寐以求的建设 4 台机组的理想厂址吗？于洪福和同事们又坐船从海上看，请来航测飞机从空中看，进行粗勘、详勘测量。接着，又组织进行了大气排放试验、海水扩散试验、地质回填沉降试验等工程现场试验。

1988年3月，核工业部组织了联合选厂组，召开了第一次会议，对方家山、杨柳山两个厂址，从技术上、经济上做了分析比较，在此基础上委托核工业第二研究设计院（核二院）编制厂址选择报告和环境影响评价报告。6月，联合选厂组第二次会议经评议比较，同意并通过了核二院编制的两个报告，推荐杨柳山作为秦山二期厂址。1988年9月和11月，浙江省人民政府和国家核安全局分别同意和批准了杨柳山厂址。

1988年11月，国家核安全局批准了秦山二期工程厂址——海盐杨柳山（秦山南麓一支脉名）。要求在秦山核电第一核电厂附近的杨柳山上再建两台国产化60万千瓦压水堆商用核电厂，并预留有再建两台核电机组的余地，把秦山建成我国第一个核电基地。

秦山核电二期工程厂址确定之后，于洪福开始准备工程现场的土石方开挖及四通一平工作。

进入杨柳山现场需要绕过秦山，没有现成的路，要修路又没有征地，没有地怎么修路，没有路施工机械怎么进入现场，没有施工机械又怎么进行土石方开挖？于洪福充分借助他与地方领导和群众建立的良好关系，采用青苗补偿、让利于民、互利互惠等措施，拓宽机耕路，铺上石子水泥，修成了进入厂区的必经之路——秦桃路。

进入厂区的正式道路怎么走？按照原来的设计总图布置，是拓宽秦山镇路，经过杨柳村，这样，职工上下班不仅要多绕行4公里，而且拓宽道路，要多征地45亩，拆迁移民几十户，加之拆除路边建筑、移栽树林等需要付出很大的代价。如果在秦山中间打一个隧道，直通现场，岂不是一个省钱、省地、省时间的好办法！他广泛征求各方面的意见，积极向有关方面提出建议，最终批准了这个方案。

1992年5月1日，秦山二期主干道隧道工程正式开工。1994年5月1日，这条全长963米的主干道隧道建成通车。国务院副总理邹家华在现场题词，将这条隧道命名为“秦山隧道”。

1993年5月，杨柳山移山填海工程开始，历时两年，现场土石方爆破挖运660多万立方米。1995年5月底，秦山核电二期工程场地平整工作基本完成。负挖工程于1995年6月开工，11月完工，共完成土石方76万立方米，填平补齐用混凝土2.2万立方米。

现场准备就绪，开工就在眼前。

17 联营共赢

1986年12月8日，彭士禄向核工业部领导提交了《关于秦山二期工程筹资问题》的报告。报告详细列出了秦山二期的经济预算、电价、筹资问题和厂址选择。

秦山核电二期工程筹建期间，正值中国大地改革开放刚刚起步，一个新旧体制交替、新旧观念胶着、矛盾频发的时期。被首先列入国家固定资产投资体制改革试点的重点项目，要求在领导体制、管理办法等方面有较大的突破与转变。实行董事会制，要成立项目董事会，董事会由各投资单位和国家有关部门推荐产生。

秦山核电二期两台60万千瓦机组工程建设预投资为148亿元人民币，而当时的核工业部正处于军转民阶段，经济实力十分薄弱，拿不出这么多钱，只有自筹资金一条路。

彭士禄上任伊始，坚持建立董事会制度，参考大亚湾核电厂运作模式。为了募集资金，他和于洪福马不停蹄地跑了安徽、浙江、江苏和上海，请这三省一市前来投资。这些省市领导听说彭士禄来了，都心怀敬意，热情接待，大家都知道他是烈士的后代，是中国核潜艇第一任总设计师。他讲核电发展的好处，讲核电对环境的保护，讲核电的安全性，主动当好核电科普的宣传员。他也把有意参加核电建设投资的省市及国家有关部委的领导请到秦山实地考察座谈。他承诺大家只要来投资，将来核电厂发电了，一定以最优惠的价格给他们，同时每年还能分得股份的红利。然而，尽管大家都表示很感兴趣，却都说有困难，拿不出这么多钱，还有问能不能少一点？

后来，规范化改制的核电秦山联营有限公司，由中国核工业集团公司（股比50%）、中电投核电有限公司（股比6%）、浙江省电力开发公司（股比20%）、上海申能股份有限公司（股比12%）、江苏国信资产管理有限公司（股比10%）、安徽省能源集团有限公司（股比2%）等股东单位共同投资组建，并作为业主单位，负责核电厂的建造、运营和管理。

核电秦山联营有限公司成立以后，采用了“业主负责制、招投标制、工程监理制”的项目管理模式。业主负责制——秦山二期核电厂从建设到发电全部责任均由业主承担；招投标制——项目由业主负责，就要由业主负责招投标；工程监理制——由国家认可的、具有国家监理资质的权威监理部门，监理核电工程建设项目的整个工程，即业主全面承担技术责任和整个工程的项目管理；而工程设计、施工和设备采购等，均采用招投标方式。

根据国家确定的“以我为主，中外合作”的方针，1988年1月，经评标委员会评标，正式确认核工业第二研究设计院为总包院，中国核动力研究设计院和华东电力设计院为分包院。由中原建设公司负责核岛、常规岛、BOP工程的土建安装总承包，核工业第二二建设公司、第二四建设公司和第二三建设公司、第五安装工程公司、浙江省火电建设公司为分包单位。秦山核电二期工程首次在核电项目中引入了工程监理，由核工业四达监理公司承担建安阶段全过程、全方位的监理。提前制订了质量保证大纲。在质量控制中，由监理公司协助业主严格审查施工方案，坚持旁站监理，及时发现和处理问题，避免发生质量事故。

在设备采购方面，采用业主自主采购、扩大国内分包、合作制造、独立研制等多种方式，推进设备国产化。组织人员在对国内外潜在的设备供应商进行摸底的基础上，执行供方评价，有120多个国内外供货厂家通过了评审。在此基础上，采用多国招标采购方式，对大型关键设备，邀请多家供货商投标，根据供货商的信誉、经济实力、技术水平、贷款条件及报价综合评定，做出选择。

然而，1989年，由于西方国家对我国采取制裁，对外合作谈判工作中断，秦山核电二期工程陷入困境。8月，国务院核电领导小组发文指出：“目前对西方一些国家政府的制裁和压力，我应采取两手准备，即一方面继续坚持对外开放的方针，做好外方工作，尽量争取外援；另一方面为争取主动，立即组织国内力量，大力协同。以大亚湾核电厂为参考，利用已获得的比较充分的法国资料，同时吸收秦山核电一期工程（30 万千瓦）和大亚湾核电厂的有关设计、建造经验，以我为主开展设计。”

外国人靠不住，我们就依靠自己的智慧和力量建造属于我们自己的核电厂。1989 年 10 月，秦山核电二期可行性研究报告（自主方案）编制工作完成；1990 年 2 月，正式完成自主方案总体设计文件的编制工作；1992 年 8 月，初步设计最后完成。

施工图设计于 1993 年 5 月 1 日开始，1995 年全面展开。秦山核电二期工程从“中外联合设计”到“自主设计”，设备采购（国外部分）也从原拟“一国采购”转为“多国采购”，并将参考电厂的三个环路改为二个环路，从而提出了许多技术问题，造成图纸设计的困难。

20 世纪 90 年代初期，国家实行宏观经济调控政策，经济环境压力加大，使秦山核电二期工程设计和工程筹资工作一波三折，施工设计困难重重，工程进度十分缓慢。

秦山核电二期工程建设再次走到了十字路口。

18　平湖会议

1996年2月初，浙江省平湖市一家三星级酒店忽然热闹了起来，一辆辆小轿车鱼贯而入，核电秦山联营有限公司在这里召开第三届第二次董事会。尽管再有半个多月就要过春节了，但在参加会议人员的脸上却看不到一点点节日的喜气，有的只有凝重和肃穆。这是一次无论在时间和地点上都是精心策划的会议，会议的结果将决定秦山二期核电厂建设的未来。

十年前的1986年1月18日，秦山核电一期工程开工以后10个月，党中央和国务院根据我国现代化建设能源供需矛盾和能源结构现状，确定了“适度发展核电”的方针，决定在秦山一期30万千瓦原型堆附近建造两台国产化60万千瓦商用堆和留有再建两台核电机组的余地。

然而，在随后的几年里，发生了两件大事，对秦山核电二期工程建设产生了深远影响。一是1986年4月26日苏联切尔诺贝利核电厂发生严重事故，“要不要继续发展核电”成为世界范围内的争论焦点。在国内，秦山二期工程是继续上还是停建下马？是采用引进项目、还是自主建造等问题又开始争执不休，工程的前期准备工作几乎无法进行；二是1989年的，西方国家对我国实施的经济制裁，使秦山核电二期工程建设在招投标、设备与技术标准等方面遇到了前所未有的困难。工程前期准备从1986年1月开始到1996年1月，整整用去了十年的时间。

平湖会议就是在这样的背景下召开的，主要议题是为土建、安装和调试分配时间表。中国核工业总公司、核电秦山联营有限公司和各参建单位参加了会议。参加会议的人心里都明白，工程所面临的困难：一是图纸难，从三环路改为二环路，需要重新设计；二是采购难，从“一国采购”到“多国采购”，钱是省了，却增加了设计的难度；三是资金难，由于部分资金不到位，钱付不出人家什么都不给你；四是交货难，设计难又没有钱订购的设备自然无法交货；五是缺经验，60万千瓦机组大家都没干过，是在摸索中前行。这“五难”环环相扣如同死结，捋顺了都很不容易，更别说开工了。工地现场所储备施工图纸还不到整个工程图纸量的6%，而依照核电厂施工国际惯例，应有最低60%以上的图纸到位，方可开工。

会议围绕着是否“按时开工”这一关键节点，争论得十分激

烈，会开得十分艰苦。根据最初的安排，总的建造时间是72个月，土建为25.5个月，其他为安装、调试时间。由于设计供图严重滞后，对原来的时间安排是否需要进行调整，大家各持己见，相持不下。这时有一个人站了出来，提出保持总工期72个月不变，将土建工期由25.5个月调为29.5个月，而安装调试时间相对缩短。他叫刘明涛，是核电秦山联营有限公司主管基建工程的副总经理，曾参加秦山核电一期工程建设，对核电厂建设的土建工程部分十分清楚，对当时国内外各方面的环境也非常了解。在他的一再坚持下，中国核工业总公司的有关领导同意了他的意见。实践最有说服力，经过两年多努力，土建工期比29.5个月提前了5天完成任务，由此可见刘明涛工作水平之高，计算之精准。

“走步险棋吧，6月1日按时开工！”主持平湖会议的中国核工业总公司总经理张华祝下定决心，一锤定音。

1996年6月2日，秦山核电二期工程举行隆重的开工典礼，国家核安全局局长黄齐陶向核电秦山联营有限公司总经理于洪福颁发“民用核设施建造许可证”。出席开工典礼的国务院副总理吴邦国亲自启动混凝土布料机按钮，为二期1号机组反应堆厂房浇筑下第一灌混凝土。李鹏总理发来贺信说：秦山二期的开工建设“标志着我国自主开发建设核电厂迈上了一个新台阶”。1997年3月23日，2号机组反应堆厂房浇筑第一罐混凝土。秦山核电二期工程土建工程由核岛、常规岛和BOP三大部分115个子项组成，总建筑面积 176 503 平方米。秦山核电二期工程由此迈出了中国核电国产化重大跨越的第一步。

不久，担任公司党委书记的李永江接替于洪福，出任核电秦山联营有限公司总经理，全面主持秦山核电二期工程的建设工作。面对巨大的压力和挑战，这个在中国最艰苦的核工业企业锻炼成长起来的北方汉子，早已是别无选择：迎难而上，为国争光，决不能辜负组织的信任和人民的重托，为核工业二次创业，为民族核电事业的发展，定当竭尽全力、奋力拼搏。豪迈之情油然而生：人这一辈子总得干几件有意义的事。他背起行囊再出发！

19 同舟共济

李永江深知，干好秦山核电二期工程仅靠勇气和信心是不够的。参加过秦山核电二期工程建设的人都能深切感受到：开工之时就是步入困境之日，各种困难接踵而至。

首先是按照国际上核电厂建设施工的惯例和要求，正式浇筑第一罐混凝土时，图纸设计应该完成 60% 以上。而秦山核电二期工程在 1996 年 6 月开工时，由于受国内制造汽轮发电机的限制，秦山核电二期工程在设计中将标准的 90 万千瓦的三个环路改成 60 万千瓦级的两个环路。为了提高安全性，要做 300 多项

重大改进，而土建施工图纸到位率还不足6%。

其次是国家对秦山核电二期工程的投资概算没有确定，资金筹集困难，走进了一个恶性循环的怪圈。设计图纸出不来设备就无法确定，设备确定不了资金概算就出不来，资金概算出不来股东单位就无法出资，没有钱前期准备工作就受到了极大的影响，这个怪圈从1986年至1996年6月，前后足足转了十年的时间。面对重重困难，李永江必须拿出切实可行的措施和办法。

设计图纸是李永江要解决的第一个难题。为了争取时间，他多次派人到设计单位催图，只要一出来，就带着图纸乘飞机赶回现场，他们早已练就了一套识“白图”的本领。现场常常是工程管理、施工、监理等几个单位一起看图，有的做施工方案，有的做材料准备，有的做施工准备，有的做施工衔接。等到“白图”晒成蓝图，经质保审查合格后马上施工，大大缩短了从看图到施工的时间。

在当时的条件下，按时开工本来就是一个颇具有风险的决策。由于设计修改和变更，加上多国采购和接口等原因造成的设备供货严重滞后，土建、安装、调试等工作无法按计划正常进行。李永江做出了“三个提前介入”的决定，即在责任不转移的前提下，安装提前介入土建，调试提前介入安装，运行提前介入调试，使工程建设和运行人员提前熟悉现场情况，提前做好工作准备。

在施工方面，李永江心里明白：工程早一天完工，效益就是几百万元，每推迟一天，损失的利息就一百多万元。他提出“抓节点进度和对节点进度完成情况进行考核及奖惩，以节点目标的实现来带动整个安装工作的全面进展”的管理思路，注重发挥集体领导的智慧，注重发挥基层党团组织的带头作用。在现场开展工程建设大会战和立功竞赛活动，通过奖惩制度和设立“赶工奖”来调动施工队伍的积极性和创造性。

1998 年是秦山二期工程建设经受严峻考验的一年。年初，在中国核工业总公司的工作会议上，有一位领导见到李永江问道：“今年 11 月 15 日之前 1 号反应堆厂房能不能封顶？”李永江一时无法给出肯定的答案，他顿时感到巨大的压力。反应堆厂房内部正在浇筑钢筋混凝土，按常规的施工进度，至少需要 15~16 个月，而此时，距 11 月 15 日只有短短的 10 个月时间了，更何况设计图纸还跟不上。李永江匆匆赶回现场，召开会议寻找办法，会议明确：（1）无论如何都要按期实现二期工程建设的第一个里程碑目标；（2）在中国核工业总公司领导的支持和帮助下，抓好设计出图这一关；（3）充分调动参建单位人员的积极性，最大限度地赶工抢时间。会议一结束，大家分头行动。

1998 年夏天，天气热的出奇，没封顶的安全壳内温度高达 50 摄氏度，上千名工人在不同的工作面上作业，救护车就停在现场；有时候连续数天大雨，工人们也出现在现场，雨稍微小一点就马上投入作业。面对这种局面，有人提出了象征性封顶的方案，在未完成内部结构施工的情况下进行穹顶吊装。李永江坚决主张必须在内部结构施工完成后再封顶。

早在 1997 年，秦山二期为加快进度，每年拿出几百万元作为赶工奖，直接奖励提前完成任务的对工程进度做出贡献的施工单位和协作单位。这样既弥补了这些单位的资金投入，也调动了这些单位的积极性。他们将二级网络计划关键路径上的里程碑设立为重大赶工节点；为完成年计划和阶段性目标，又设立几十个年度节点。根据每个节点的重要性，明确节点内容、节点时间、责任单位和奖金数额，并下发给各承包商。工程处作为节点的制定和执行的主要部门，全面负责节点的检查和考核，提出节点奖金分配方案。赶工节点直接与奖金挂钩，特别是重大进度赶工节点，影响很大，效果明显，在确保工程主线进度中发挥了积极作用。

为加快进度，炊事人员把饭菜送到工地，大家吃过饭后接着干。李永江以身作则，深入现场，现场的同志劝他注意身体，他说："这么高的温度，工人们都在太阳底下干活，我来这里，只是看看，比工人们轻松多了。"就这样，经过大家共同努力，终于提前 5 天实现了 1 号反应堆厂房封顶重要节点，保质保量完成了中国核工业总公司下达的任务。

封顶之后，李永江分析了工程建设形势，对后续工作可能遇到的困难做了充分准备，同时也纠正了在职工队伍中渐渐出现的自满与懈怠情绪，为今后的工程建设的开展奠定了坚实的基础。

20 破解迷局

1995 年，经过规范化改制的核电秦山联营有限公司，由中国核工业集团公司（股比 50%）、中电投核电有限公司（股比 6%）、浙江省电力开发公司（股比 20%）、上海申能股份有限公司（股比 12%）、江苏国信资产管理有限公司（股比 10%）、安徽省能源集团有限公司（股比 2%）等股东单位共同投资组建，并作为业主单位，负责核电厂的建造、运营和管理。

1996 年 6 月 2 日，1 号机组反应堆厂房浇筑第一罐混凝土，标志着秦山核电二期工程正式开工建设。1997 年 3 月 23 日，

2 号机组反应堆厂房浇筑第一罐混凝土。秦山核电二期工程 1 号、2 号机组建设周期为 72 个月，从反应堆厂房第一罐混凝土浇筑到安全壳穹顶封顶为土建施工阶段，工期为 29.5 个月。土建工程由核岛、常规岛和 BOP 三大部分 115 个子项组成，总建筑面积 176 503 平方米。

1996 年 6 月 2 日开工建设时，李鹏总理发来贺信说：秦山二期的开工建设“标志着我国自主开发建设核电厂迈上了一个新台阶”。吴邦国副总理亲赴现场按动布料机按钮，为主体工程浇筑了第一灌混凝土。

然而，参加过秦山核电二期工程建设的人都能深切感受到：开工之时就是步入困境之日，各种困难接踵而至。

首先是按照国际上核电厂建设施工的惯例和要求，正式浇筑第一罐混凝土时，图纸设计应该完成 60% 以上，而秦山核电二期工程在 1996 年 6 月开工时，土建施工图纸只完成了 6%。到 1998 年，图纸严重滞后的问题凸现出来，施工单位几乎是天天等图纸。

其次是国家对秦山核电二期工程的投资概算没有确定，资金筹集困难，走进了一个恶性循环的怪圈。设计图纸出不来设备就无法确定，设备确定不了资金概算就出不来，资金概算出不来股东单位就无法出资，没有钱前期准备工作就受到了极大的影响，从 1987 年至 1996 年 6 月，前后足足用了十年的时间。1998 年，尽管已经开工一年多，可工地现场却冷冷清清，实际工期与计划相差太多，人们不敢预言二期工程的未来，干部职工对二期工程能否按期完工忧心忡忡。

1998 年 8 月，中国核工业总公司正式任命赵宏为核电秦山联营有限公司董事长。他再次回到秦山核电招待所 205 房间。

赵宏还是原来的赵宏，事必躬亲、雷厉风行、敢作敢当的工作作风依然没有改变。赵宏任董事长后，进行深入调查了解掌握实际情况，与核电秦山联营有限公司总经理部反复研究对策，集中大家的智慧和力量破解工程建设迷局。

在他们面前有两大难题：一是抢回施工进度，二是算出投资概算。

要想方设法把图纸设计工作赶上去是抢回工期的关键。赵宏通过沟通了解到图纸严重滞后有两大原因：一是设备采购周期比较长，不能及时把技术资料、技术文件等提供给设计单位；二是设计院设计工作抓得不紧，工作效率不高，没能够充分利用从初步设计批准到开工的 3 年半的时间多出一些图纸。另外，业主单位、设备制造单位与设计院之间也缺乏必要的沟通和协调。

赵宏出发了。

1991 年夏天，赵宏在浙江莫干山召开秦山核电一期工程建设总结会。散会后，他竟然在平地上滑倒了，导致骨折。骨折好治，但医生却告诉他："是颈椎出了问题，严重的增生压迫了神经，需要及时手术治疗。如果情况不断恶化就会有瘫痪的危险。"可赵宏的事太多，他选择了工作。然而，在秦山核电厂施工现场连续跌倒了几次，在秦山核电厂并网发电之后，1992 年初，赵宏躺在了手术台上，动了第一次手术。那是一次风险极大的手术，稍有不慎就有可能造成高位截瘫，但赵宏信心很足，今后还有许多工作在等待着他去一一完成，自己怎么可能倒下呢？赵宏积极配合医生，使手术顺利完成。尽管在1992年和1993年又进行了两次手术，但骨折受伤的腿还是在赵宏的身上留下了残疾。

赵宏拖着一条病残的腿出发了。他一个设计院一个设计院去督促、协调，如今他已记不得那几年到设计院去过多少次。身为副部长却从不摆架子，为了早日拿出工程进度图纸，他找院长、找室主任、找组长，详细地询问有关情况：“为什么你负责的图纸拿不出来？还存在什么问题？能解决的马上给你解决。”有些技术问题定不下来，赵宏就依据自己的经验，为设计人员提供可行的方案。他经常对设计人员说：“如果依据我的意见方案做错了，一切责任都由我来承担。如果你不做，你就要负责。”赵宏认为，一个党的高级领导干部，处理问题不仅要果断，还必须要有承担一定风险的勇气。

为了尽可能争取每一天的时间，核电秦山联营有限公司干部职工齐动员，不止一次派人到设计单位等待图纸，只要一出来立即带着图纸乘飞机赶回现场，有时甚至出现施工各方围着一张草图共同商量施工方案、争分夺秒抓施工的场面。

毕竟按投资总额计算，每延误一天光支付银行利息就是100万元。中国核工业总公司领导多次来到现场指导、协调，联营公司也按照现场实际情况，及时修改、调整“工程二级网络计划进度”，采用突破常规的施工组织方式。继承、发扬当年核工业第一次创业研制“两弹一艇”时代的团结、协作精神，把可提前准备、可交叉施工的都一一列出，与参加施工的单位协调、讨论，具体落实可提前施工的项目。当施工图达到工程全面展开要求时，联营公司和各施工单位夜以继日地顽强拼搏，把延误的工期一天一天抢回来，最终在保证工程安全、质量的前提下，完成了土建、安装阶段节点计划和投资控制，实现重大工程节点里程碑目标任务。

秦山核电二期工程到底需要多少钱？最早上报国家计委的预算是 168 亿元人民币，而国家计委批准的投资概算是 148 亿元，20 亿元被砍掉了，少了这 20 亿元能不能干好，谁的心里也没底，双方僵持住了。

1998 年，赵宏召开核电秦山联营有限公司董事会，认为：148 亿元投资额可以接受。

在赵宏看来，这样僵持下去于双方不利，对我们而言早干比晚干更有利：一是在 1997 年和 1998 年，重大设备采购和土建安装施工等大合同已基本完成，工程基本费用也已心中有数；二是计划财务部门可以充分利用利率开始下调的机会，想方设法减少和降低财务费用和财务成本；三是在资金运作方面也有了一定空间，争取用短期贷款代替一部分长期贷款，尽量少沉淀资金，用多少，借多少，压缩账面上的存款，减少利息支出等。

经过反复计算，赵宏已是心中有底。于是，国家计委正式批准秦山核电二期工程总投资为 148 亿元。但赵宏也明白，这要承担很大风险，这么个大的工程，建设周期这么长，今后的工作一刻都不能放松。

21 硬汉落泪

在图纸和资金的问题解决后，1999年11月，已到交货日期的2号机组压力容器出现严重质量问题，导致返工，拖到2001年12月30日才交货，延误工期25个月，这对工程建设进度造成严重影响。压力容器是核心设备，压力容器不到位，不仅仅是影响工程进度，还影响到了投资，使核电秦山联营有限公司多付4个亿的利息，加上延期发电，将造成20亿元人民币的巨大损失。

核电秦山联营有限公司总经理李永江和有关部门负责人来到赵宏的办公室汇报情况，准备听候处理。然而，赵宏在听完汇报、详细询问了有关细节后，没有责怪和批评他们，而是给予了理解和帮助，希望总经理部吸取经验和教训，妥善处理这件事。他要求采取措施抢回工期，一是要求施工单位能做的事先做，等压力容器一来，就接口安装；二是实行奖励政策，算大账，使施工单位和设备制造单位在保证质量的前提下，24 小时不间断工作抢工；三是其他设备，如堆内构件、驱动机构、控制系统等制造和施工在保证质量的前提下压缩计划，把损失减小到最低水平。

时间就是金钱，时间就是效率。

这句话在赵宏身上有着充分的体现。在处理 2 号机组压力容器问题时，要派一个工作小组去国外，总经理李永江考虑到家里的事情太多，准备请总工程师去。赵宏深知，很多事情到了国外要随时作出决定，总工程师去了无法决定还要电话请示，多一个来回不是耽误时间吗？所以，他要求李永江亲自去，并明确指示，在国外有什么问题见机行事，不用请示。他还交代李永江不要再比价了，尽快处理好，早完工、早发电、早出效益。如果一味地比价、耽误时间就更多，而且国际上同类工程价格也差不了多少。

秦山核电二期工程就这样，在中核集团的领导下，在核电秦山联营有限公司广大干部职工的共同努力下，问题一个接一个地解决了，在前进的道路上一步一个脚印，克服了重重困难，走向了成功的彼岸。

1998 年 11 月 10 日，1 号机组反应堆厂房封顶，比计划提前 5 天。

1999 年 3 月 31 日，1 号机组压力容器吊装就位，比计划提前 30 天。

2000 年 4 月 17 日，220 千伏备用电源送电一次成功。

2001年3月2日，1号机组主系统冷态水压试验完成。8月31日，1号机组首次非核蒸汽冲转试验成功。

2001年10月9日，经国家核安全局批准，1号机组反应堆开始首次装料，10月18日，121组核燃料组件全部准确就位，装料工作安全顺利完成。

2001年12月28日，1号机组反应堆首次达到临界。

2002年2月6日13时16分，1号机组提前23天首次并网发电。3月31日，比计划提前40天实现满功率运行。4月15日比计划提前47天实现商业运行。

2004年3月11日，2号机组首次并网成功，4月6日首次达到满功率，5月3日投入商业运行。

有人看到，2002年2月6日13时16分，在1号机组实现首次并网发电的那一刻，李定凡、赵宏、李永江三条铮铮硬汉眼圈红了，落下激动的泪水。正如秦山二期建设亲历者说的那样：只有走过了，才知路有多难，只有经历了，才知成功的不易，但只要亲历了一次，就会终身不忘。这一辈子，值了！

秦山核电二期工程全面建成。这是我国“九五”期间开工建设的4座核电项目中唯一国产化项目，也是我国自主设计、自主建造、自主管理、自主运营的第一座大型商用核电厂。

如果说秦山一期30万千瓦级核电工程解决了我国大陆有无核电的问题，那么秦山二期60万千瓦级核电工程实现了我国自主建设大型商用核电厂的重大跨越。秦山核电二期工程积累了一整套核电自主建设的经验，具备了批量建设的条件和能力，为我国核电建设的标准化、系列化奠定了基础，为自主设计建造百万千瓦级核电厂创造了条件，成为我国核电自主化建设的一个重要里程碑。

2005 年，秦山二期工程设计与建造项目荣获国家科技进步一等奖！国务院总理温家宝批示：“秦山二期工程，坚持自主设计和创新，取得多项重大技术成果，走出了一条我国核电自主发展的路子。我谨向核工业战线广大干部职工表示祝贺！”

秦山核电二期工程时间抢回来了，工程造价实际结算 142 亿元人民币，比国家计委正式批准的 148 亿节约了 6 个亿，工程造价 1330 美元 / 千瓦，远低于国内外同期核电厂的造价。机组平均出力 67 万千瓦，高于 60 万千瓦的设计值。设备国产化率为 55%，在 55 项关键设备中，有 47 项是国内制造的。核电厂总体性能达到 20 世纪 90 年代国际同类核电厂的先进水平。

赵宏这条硬汉，外表冷峻威严、不苟言笑的他终于发出了舒心和爽朗的笑声，这是胜利者发自内心的喜悦和骄傲的笑声，是一个成功者在经历挫折和困苦之后的感悟和自豪。他充分吸取秦山核电一期工程中积累的经验和教训，在秦山核电二期工程建设的关键时刻，发挥了自己应该发挥的作用，为秦山核电二期工程的成功建设做出了自己应有的贡献。

2004 年，72 岁的赵宏推荐李永江担任核电秦山联营有限公司董事长，他自己在卸任后回京。

22 再上螳螂山

当秦山核电 30 万千瓦核电厂投入商业运行的时候，姚启明把目光投向了秦山周边的方家山和螳螂山，他想在这两座山上再建两座 30 万千瓦机组核电厂。现成的技术、现成的人员、现成公用设施，新建两台核电机组的成本将会大大降低。他算了一笔账，30 万千瓦核电机组，在核电机组的大家庭里只能算是个小弟弟，而秦山核电公司有着 1800 多名职工，这是一个大家庭，以这么小的核电机组养活这么多的人，企业的负担有些沉重。他不愿意看到企业因人多而被拖垮，也不愿意看到广大职工因企业被拖垮而失去工作保障，他要为企业寻找新的经济增长点，为职工寻找新的收入来源。就在这时，一个更大的机会出现在他的面前。

1994年11月，邹家华副总理去美国、加拿大等国家考察核电厂，在加拿大重点考察了重水堆核电厂，马福邦作为陪同人员一同前往。马福邦是我国的重水堆专家，在中国原子能科学研究院一直从事着重水堆研究工作。回国后他给总公司写报告，提出在中国建造重水堆核电厂，马福邦成为提出在中国建造重水堆核电厂的第一人。

重水堆的优点以及经济性、安全性，得到邹家华副总理的肯定。1995年，中央领导同志在加拿大访问期间，中加两国签订核能合作备忘录：在中国建造重水堆核电厂。马福邦对姚启明说："老姚，你们来搞吧！"随后，加拿大派出专家来秦山考察建造重水堆的可能性，对螳螂山备选厂址表示认可和满意。

机会常常是为那些有准备的人而准备的。早在1995年1月20日，姚启明就成立了秦山核电公司重水堆核电厂扩建工程筹备处，负责重水堆核电厂筹建工程的前期工作，并委派一名公司副总经理负责。6月，为适应重水堆核电厂工程进展的需要，姚启明成立了重水堆核电厂工程经理部，亲自担任工程经理部经理，抽调骨干力量充实到刚刚成立的办公室、工程计划合同管理处、工程管理处、工程质保处、生产准备处等部门。

重水堆工程，在姚启明的心里，仅仅是秦山核电公司的一个扩建项目，目的是想解决人员过多的问题。他曾经在一次全体职工大会上说过："我们上重水堆工程，就解决了秦山核电公司现在的人和下一辈人的吃饭就业问题了。孙子这一辈，我就管不到了，要看他们自己的本事了。"这一句话，让许多老同志感动不已。

1996年以后，姚启明把工作的主要精力都放在了重水堆工程的谈判上，把秦山核电30万千瓦核电厂的运行管理工作交给了秦山核电公司常务副总经理陈仰止。中国核工业总公司成立谈判领导小组决定重大问题，以秦山核电公司为主成立谈判委员会，姚启明担任谈判委员会主任委员，负责处理技术和商务问题。

谈判从1995年9月开始，一直谈到1996年11月26日签字。在前后一年半的时间里，双方共谈了150余次，内容包括技术、商务、法律、融资、保险、工程各个方面。加拿大原子能有限公司（AECL）总承包，负责融资20亿美元，设计进度加负责施工进度，设备进度，人员培训、调试。至此，秦山核电重水堆工程准备工作按中加主合同要求全面启动。

1997年1月31日，秦山第三核电有限公司成立。公司所有权与经营权分离，股东大会、董事会、监事会之间形成相互制衡、逐级负责和权责对应的关系。国家计划委员会批准《秦山三期（重水堆）核电厂工程可行性研究报告书》，厂址选择工作完成。

1997年，姚启明分别与中国核工业华兴建设公司、二二建设公司签订了土建工程合同；与二三建设公司、浙江省火电建设公司签订了安装工程合同；与二二建设公司签订了混凝土生产供应合同；与二三建设公司签订了管道预制合同；与华兴建设公司签订了全厂负挖工程合同；与二二建设公司签订了围堰设计建造合同。

1997年5月16日开始编制设计和建造阶段、调试阶段《秦山三期（重水堆）核电站工程质量保证大纲》。

1997年上半年委托秦山核电公司承担生产准备工作，编写《秦山三期生产准备工作大纲（A版）》。

1997年起，开始大批量、高容量的人员培训，完成包括英语、基础理论、国内外岗位培训等在内的十余项培训任务。

1997年12月26日，姚启明光荣退休。

在退休前夕，姚启明对继任者语重心长地说："秦山核电三期重水堆工程有三大风险：第一，看业主有没有能力对AECL进行强有力的监督和有效的管理；能不能管住老外，管不住肯定是不行的。第二，中方的施工单位，能不能按照国际核电规范要求建设秦山重水堆核电厂工程，虽然加方总包，但还是中国人施工，就看他们有没有这个能力和本领了。第三，秦山有没有能力在此期间培养出一支适应重水堆核电厂生产营运要求的生产型班子和职工队伍。"

这是姚启明为秦山三期工程把的脉，使秦山三期重水堆核电站建设成为继秦山核电一期工程实现"零的突破"、秦山核电二期工程实现"国产化重大跨越"后的又一个新的里程碑，成为中国核电厂建设"管理与国际接轨"的成功典范。

23 “为谁打工？”

2003 年夏天，我走进了秦山三期采访。

约访秦山三期副总经理顾军是件挺不容易的事，在我们一个多小时的交谈过程中，常有人走进他的办公室请示工作。顾军的确很忙。

顾军说话声音不高，谦逊中却透着自信与坚韧。顾军是秦山三期重水堆核电厂生产调试准备工作的中方主要负责人。顾军工作的得失决定着秦山三期重水堆核电厂建设能否按期顺利完成。顾军完成了任务，而且是提前完成的。顾军能完成任务的一个重要原因就是他和他的同伴在工作中始终体现着一种精神，这种精神使他们能够克服任何难以想象的困难，使他们每一个人的智慧和才能都能得到充分的施展和发挥，就如同纤纤蚕丝能够最终聚成坚韧的绳索，涓涓溪流可以最终汇成奔腾的江河。这种精神就叫团队精神。

顾军对团队精神有一句概括：就是用合作的方式开展工作。在他看来，在团队里最主要的是要建立共同的工作目标。目标明确了，就看你选择什么样的道路，通过什么样的方式来实现这个目标。有些事情目标是明确的，但那条实现目标的道路却如同云山雾罩中，让你看不清楚。秦山三期的生产调试准备工作也同样如此。顾军说："我们的目标是明确的，就是要保证秦山三期重水堆核电厂按主合同规定的时间完成建造、安装、调试和并网发电。"

这个目标就像一座高山。这座山，在外国人看来中国人是无法顺利按计划攀到顶峰的，因为中国的工程技术人员实在是太年轻了，他们刚出大学校门，没有核电厂工作经验，更不了解重水堆。这座山，在年轻的中国工程技术人员看来，是高了一点，他们想看到这登山的路在何方？他们感到紧张而缺乏自信，但当他们看到在队伍的最前头是顾军奋力攀登的身影时，他们又感到欣慰。这座山压在顾军心上，让他即紧张又兴奋，这是一次严峻的考验，不仅考验的是他个人，也考验秦山三期这个光荣的集体，更是考验中国人的智慧与意志。

一位外国朋友曾向他表示过"你们的工程技术人员实在太年轻"的担忧，顾军提醒他说："你别忘了，中国是个有核的国家。"年轻不可怕，中国核工业就是靠着老一辈建设者当年的一股子拼劲从无到有，从年轻走向成熟；重水堆算什么，我们有着“两弹一艇”的光荣传统，在中国人面前没有学不会的知识和技术，更没有克服不了的困难、攻克不了的难关。顾军对自己、对自己年轻的同胞有信心。

2000年7月13日，秦山三期重水堆核电厂调试队挂牌成立。顾军走马上任，担任中方调试经理。他心里明白，自己作为业主代表所肩负的是义不容辞的责任，在他心中秦山三期的目标如同高悬着的明灯，指引着他前进的方向。

当初，为了节省费用，降低秦山三期重水堆核电厂的建设成本，也使中国技术人员尽快了解和掌握重水堆技术，早在中加两国商务谈判中，中方就承担了生产调试任务，加方主要负责技术指导。当调试工作全面启动的时候，加方人员拿出来的调试大纲也只能是原则的、概括性的，而不是针对秦山三期重水堆核电厂的。怎么办？顾军选择了合作，选择了大团队，选择了能够焕发出巨大威力和作用的大团队精神。

顾军带领着一群年轻的系统工程师们踏上了艰苦而又能够激发人们斗志的征程。他们认真而忘我地学习，攻克小山堆一样的技术参考资料；他们虚心向包括加方技术专家在内的外国专家请教，共同制订科学完整的秦山三期重水堆核电厂调试计划；他们从理论到实践，从书本知识到现场指导，在短短两年多的时间里，不仅完成了调试文件计划的制订，也完成了秦山三期重水堆核电厂的调试，使1号机组在2002年12月31日，在55个月合同工期的基础上提前43天正式投入商业运行；使2号机组在2003年7月24日比计划进度提前112天投入商业运行。

回顾那一段经历，顾军总是有讲不完的故事和感慨。在这样一个大团队里，每天都会有各种各样的事情发生，在相互配合中，在相互交流中，在中国人与外国人之间、在中国人与中国人之间、在部门与部门之间。有时，当中加双方技术人员为了责任的划分而相持不下的时候，顾军总是把责任揽到自己的一方，这让许多中方技术人员弄不明白：承担责任是要付出代价的。他们会在私下半开玩笑地问道："顾军，你到底在为谁打工？"顾军对此一笑了之，他心里已经把大账小账算得清清楚楚：有些技术上的责任，尽管加方应该承担，但如果把这个问题推到他们的手上而不能得到尽快地解决，使目标无法实现，那最终受损失的还是秦山三期。因此，顾军大胆决策：只要我们自己能解决的，就主动承担起来，不推诿，不扯皮。有时，中加双方在合同和经济上的一些拉拉扯扯，顾军认为那是商务人员的事，不用中加双方调试人员操心，大家要专心调试，认准目标，不可分心。就这样大家一路前行，在中国秦山创造了国际重水堆核电厂建设周期最短的奇迹。

24　后生可畏

中国有一句俗语：强将手下无弱兵。在顾军的调试队里，就有那么一群看起来普普通通的小伙子，学习刻苦，工作认真，干活拼命，乐于奉献，在秦山三期重水堆核电厂建设调试中茁壮成长，从走出校门的大学生成为撑起秦山三期一片蓝天的系统工程师。在秦山三期采访时，我有幸认识了几个可爱的年轻人。

陈国才，大连理工大学应用化学专业，1997 年毕业到秦山三期工作。认识陈国才是从他在《秦山三核》报上的一篇文章开始的。那是一篇谈企业管理及发展的文章，思想之成熟、文笔之老到、文风之沉稳，让我以为作者是一位四五十岁的中年人，等到这次见了面才知道竟是1997年才从大学毕业的年轻人，清秀而儒雅，对企业管理及发展有如此思考，让我由衷敬佩。在我采访调试队加方经理杰夫·汤姆森时，陈国才担任翻译。

乔刚，湖南长沙电力学院电力系统自动化电器专业，1998年毕业来到秦山三期。高高的个子，天生的一副好嗓音，说起话来，低沉而厚重。每次单位组织演讲比赛、诗朗诵什么的，他总能取得好名次，有时在单位组织的职工文艺汇演中，搞起配音来还真像那么一回事儿。

王贺宇，哈尔滨工业大学机械电子工程专业，1998年毕业。和乔刚站在一起显得很敦实，看上去和蔼可亲，头脑清醒，反应机敏，有很强的语言表达能力。

他们在秦山三期有着几乎相同的经历，有着共同的心理历程。刚从大学毕业，没有核电厂工作的经历和经验，仅仅参加了一段时间的学习和培训就担任重水堆核电厂调试系统工程师，这的确让加拿大的技术专家们放心不下。其实，刚开始的时候，他们对自己也是信心不足，不知从何处下手。但他们都年轻，身上都有着一股初生牛犊不怕虎的拼劲，有着在中国第一座重水堆核电厂建设的事业中实现自身价值的理想和强烈愿望。他们豁出去了。

秦山三期对这些年轻人也寄予了极大的期望，先后把他们送到加拿大、韩国等地学习培训。在国内的培训强度更大，三四百页的英文教材要在一周内全部解决，周一拿到教材学习新课，到了周五就全部结束进行考试，考不及格就扣奖金，更难受的是教师用英语讲课，而有的教师来自法语区，语音不标准，听起课来

更加吃力。两三个月下来，有的人坚持不住退出了，但更多的人凭着信念，怀着热情，担负着使命，拼着命地学习，把自身的潜能完全释放了出来。大家都十分珍惜这次学习机会，形成了浓厚的学习氛围。大家都把彼此看成是这个团队中不可缺少的一员，相互交流，相互鼓舞，为相互间的合作打下了基础。

走出教室的大门，从调试队加方经理的办公室抱回了小山一样的参考资料，他们开始履行系统工程师的责任，开始了从理论到实践的艰苦跨越。就在那段日子里，他们感受到了团队精神的重要性，理解和体会到了合作的真正含义。像顾军一样的公司领导在关心支持着他们，像杰夫·汤姆森那样的外国专家在指导着他们，那些来自五湖四海技术支持人员在帮着他们，那些在现场负责实施操作的工程技术人员从对他们的担心转变成为对他们的依靠和信赖。他们为了搞清楚每一个数据，不管是春夏秋冬无数次往返于办公室与调试现场之间，直到把由自己负责调试的每一个系统都烂熟于心。在调试过程中，他们最害怕成为“关键路径”上的人，因为只有没有按时完成网络计划，成为整个调试进度中最拖后腿的环节，才被称成为“关键路径”。因此，大家的工作都在往前做，决不能因为自己的不努力而成为拖团队后腿的人。在那段日子里，他们几乎忘记了休息，不知道节假日。在我采访他们的时候，他们会冒出来“一天要工作 36 小时”的时间概念。陈国才告诉我，秦山三期的调试工作有 18.6% 是靠加班干出来的。

艰苦的付出获得了丰厚的回报。让他们感受最深的是加拿大专家的变化。秦山三期重水堆核电厂 1 号机组调试时，加拿大专家是事无巨细都要管都要问，对他们做的什么事都不放心，这时的加方专家人数最多。而到了 2 号机组调试时，加方专家人数减少了，主要精力放在宏观把握和指导上，秦山三期年轻的系统工程师成长起来了，承担起了调试任务的重担。他们自己也变了，从紧张到自信，从年轻的大学生变成秦山三期重水堆核电厂的技术专家、系统工程师。用他们自己的话说，干完了秦山三期重水堆核电厂的调试，在我们的面前已经没有什么过不去的坎、翻不过的山。

与他们交谈，让我看到了洋溢在他们内心世界闪光的青春和阳光般的自信。

25 绚丽彩虹

当那绚丽的彩虹高高悬挂天边闪烁的时候，人们总是能感受到狂风暴雨过后的宁静与祥和，那清新凉爽的空气，那四处弥漫着泥土和花草淡淡的清香，让我们不禁要伸出双臂接受上天的恩赐，敞开胸怀融入那蓝天白云之间。

这是彩虹的魅力，也是彩虹的启示。不是每一场暴雨过后我们都能见到彩虹，彩虹是诸多因素的凝聚，是大自然鬼斧神工的结果。

当彩虹出现的时候，我们会感叹大自然的壮美和不可思议。

而当秦山三期重水堆核电工程提前建成投产，创造世界重水堆核电工程建设新纪录的时候，加拿大的核电技术专家也发出了由衷的感慨：“中国人真是不可思议！”

因此，说起秦山三期的团队精神，不能不听一听加拿大人的感受。我请陈国才约访了加拿大调试经理杰夫·汤姆森。或许是在中国待得久了，有了与中国人打交道的经验，他的一个手势、一张画图、一张照片，让我走进了一个加拿大人的内心世界。在我们的交谈中，杰夫·汤姆森诚恳地对我说：秦山三期重水堆核电厂调试成功，不仅是中国人的骄傲，也是加拿大人的自豪。

一个手势。刚来中国，来到秦山，看到将要与他一起出征的中国年轻的大学生，他感到了担忧。一是中国人对重水堆技术了解不多，二是中方安排的系统工程师们太年轻，没经验。他和他的外国同事们都认为中国秦山三期重水堆核电厂若要按期完成几乎是不可能的，因为他们曾经有过在国外工作的经验。因此，他们认识到加强对中国技术人员的培训，加强中加两国技术人员合作的重要性。杰夫·汤姆森说，是合同把我们双方紧紧地联系在一起，联合调试队发挥了积极作用，是团队精神的体现。说完，他把两只手十指交叉紧紧地握在了一起，眼睛看着我，意思是说你明白吗？

一张画图。为了更准确地说明中加双方的合作，杰夫·汤姆森站了起来，走到一块白板面前，擦去上面的数字符号，画起图来。他先画了一个大圆圈，写上“CT”（调试队英文缩写）两个字母，又以这个大圆圈的边上对称两点为中心在左右两边各画了一个圆圈，他在一个圆圈里写了个“A”，在另一个圆圈里写了个“T”。A就是AECL，是指加拿大原子能有限公司；T就是TQNPC，是指秦山第三核电有限公司（秦山三期）。他告诉我，调试队就是这样组成的，在这样的队伍里，最重要的就是团队合作，加方注重团队合作，中方也强调团队合作，大家都把自己融入这个团队之中，相互支持，密切配合，认真负责，刻苦工作。这就是团队精神。

一张照片。在杰夫·汤姆森的办公室，他拿来了一张装裱精美的4个人的合影照片。照片的背景是在秦山三期重水堆核电厂调试现场，4个人身穿防护服，面带微笑，紧紧地站在一起。这4个人是顾军、杰夫·汤姆森、蒋国元、撒达·阿里坎。顾军和杰夫·汤姆森是调试技术负责人，蒋国元和撒达·阿里坎是调试执行负责人。这张照片我在顾军的办公室里也看到过。杰夫·汤姆森说，这是一张十分珍贵的照片，这是一次难得的合作，令人难忘。秦山三期重水堆核电厂两台机组建成发电，杰夫·汤姆森的任务也将完成了，许多人都要离开中国返回加拿大了。在中国工作的几年已经让他了解了中国，看到了中国的发展与进步，看到在中国新一代核工业建设者身上蕴涵着的巨大力量，也习惯了与他的中国同事们一起不分昼夜地加班加点的工作方式，朝夕相处使他已经与他的中国同事们建立了深厚的友谊和感情。说到回国，他感到难过，有些恋恋不舍。他热爱中国，热爱秦山，因为那傲立在中国大地上的秦山三期重水堆核电厂是他人生旅途上一个光辉灿烂的里程碑。

26 停工令（1）

今天故事讲的是秦山三期在设备制造过程中向合作伙伴总承包商——加拿大原子能有限公司（简称“加拿大公司”）下达的一份停工令。停工令是秦山三期工程主合同赋予业主的权力，也是业主行使权力最有力的手段之一。在秦山三期整个工程建设中，业主曾多次发出停工令，要求承包商停工整改，整改达到要求后即恢复工作，这一做法至今还在大修工作中延续着。

2000 年 5 月 7 日一大早，秦山三期副总经理吴兆远接到来自秦山三期驻韩国重工业公司（简称“韩重”）设备监造办公室的传真报告：由加拿大公司设计、加工的 2 号机组 C 和 D 两台蒸汽发生器热板的固定槽开反了。

这个槽的位置在蒸汽发生器预热段二次侧分隔板和热板连接处，热板开槽就是为了将热板固定在隔热板上。韩重在开始组装 2C 蒸汽发生器时才发现槽开反了而无法安装热板，韩重马上向加拿大公司通报这一事件，而加拿大方面在经过讨论后决定在热板反面重新开槽安装，错开的槽则保留在热板正面不做处理。韩重按照加拿大公司的变更令，在开错槽热板反面重新加工安装槽后，开始组装 2C 蒸汽发生器。

热板开错槽，继而又在反面再开一道槽，这样的不符合项处理却没有事先通报业主。直到有一天，秦山三期驻韩重设备监造办公室对蒸汽发生器结构相当熟悉而且经验丰富的工程师，走进韩重清洁厂房对蒸汽发生器组装工作进行监督检查时，韩重才向秦山三期通报了热板开错槽及反面再开一槽的情况。

陈曝之和吴兆远意识到这种行为将会产生的严重后果。在热板的下面再加工一道安装槽，热板上面就有了一道多余的槽，不仅降低了热板的强度，槽内必然产生水垢等杂质淤积，而引起槽内化学环境恶化和槽内腐蚀加剧。这将进一步降低热板强度，从而严重影响蒸汽发生器的寿命。在运行过程中热板一旦断裂，蒸汽发生器报废，核电厂随之就必须停役。从另外一个角度讲，将错槽热板装入蒸汽发生器，外罩一封，谁还会知道这一异常，制造商及分包商就会把真实情况隐瞒下去。对这样的后果及行为，秦山三期是决不能接受的。在愤怒之余，必须引起高度警觉，必须及时冷静地处理好这件事，做到有理、有利、有节。陈曝之和吴兆远按合同规定，以书面形式行使业主的权力，表达了秦山三

期的意见和要求。

第二天，秦山三期以正式信函通知加拿大公司，明确指出如此轻率地处理蒸汽发生器开错槽这一重大不符合项是不能接受的，要求立即通知韩重停止组装蒸汽发生器，同时尽快提供有关技术文件，供秦山三期评价。明确表示在秦山三期没有给出正式评价前，开错槽的热板不得安装在蒸汽发生器上。与此同时，通知秦山三期多伦多办事处，指示他们尽快与加方当面交涉和谈判。

然而，加拿大公司却辩称这只是一个偏差，不是什么重大不符合项，没有违背有关规范、标准和技术规格书，拒绝向韩重下达停工令，声称韩重只与自己有合同关系，秦山三期无权对韩重提出停工要求。

5月19日，秦山三期再次正式致函加拿大公司，要求尽快提交热板开错槽事件的详细情况、处理方案及有关支持性文件，并尽快安排重新加工蒸汽发生器热板，避免更大地影响交货日期和工程建设进度。

6月2日，加拿大公司第一次提交了有关蒸汽发生器热板开错槽事件处理的分析文件，但是这些文件对他们如此处理所带来的危害没有提供有说服力的证据。与此同时，韩重的蒸汽发生器2C组装工作一直在进行中，加拿大公司企图通过拖延造成既成事实的办法迫使业主就范。秦山三期在仔细评价加拿大公司提供的这些文件后，更加坚定地认为：开错槽的热板不可用，必须重新加工新热板。

27 停工令（2）

2000年6月12日，秦山三期总经理办公会提出，要尽快向加拿大公司下达2C、2D蒸汽发生器制造停工令。同时，把这一重大不符合项具体情况向国家安全局做了通报。

6月15日上午9点，秦山三期将停工令送达加拿大公司秦山项目主管，明确告知：主合同条款规定业主有权下达停工令，加拿大公司必须接受，如果证明不是加拿大公司的过错则一切损失由业主承担。至此，加拿大公司表示接受秦山三期的指令，立即通知韩重暂停蒸汽发生器组装工作，并立即派专家携带技术分析资料和中方讨论开错槽隔热板的可用性。

6月19日，中加两国专家在秦山三期现场展开讨论。加方反复强调自己有生产加工几百台蒸汽发生器的经验，应该相信他们。但中国专家的一句话让他们哑口无言："你们有开错槽的经验吗？"

7月3日，加拿大公司进一步提交了开错槽隔热板的力学分析计算文件和错槽内化学腐蚀的可能性分析报告。

7月7日，秦山三期再次组织国内专家对这些文件进行审查分析，并一致认为：加方得出的结论是不确定的、不可信的，建议按设计要求重新加工生产热板。当秦山三期把这一审查意见向加拿大公司通报后，他们终于明白要让秦山三期满意只有重新加工隔热板这一条路。

7月12日，加拿大公司致函秦山三期表示准备接受意见，重新加工隔热板，但有可能引起费用和工期问题。加工隔热板工期10个月（其中材料采购26周，即半年），影响工程进度半年以上。

秦山三期继续接招拆招。通过分析，把解决问题的突破口放在材料采购上。真是无巧不成书，7月中旬，通过寻找，在上海理工大学发现了一块完全符合要求的钢板（与原设计钢材完全相同，而且是同一家法国工厂生产的），并同意卖给秦山三期。加拿大公司质保经理在秦山三期人员陪同下到上海查看了这块钢板材料的全部质保文件，结果一切符合要求，于是，秦山三期告知加方可以去洽购这块钢板。不久，加方告诉秦山三期也找到了合格的钢板，并且已经开始加工，一个月后开始钻孔，9月底新隔热板即可运抵韩重重新开始2C和2D蒸汽发生器的组装。

2000年7月18日，加拿大公司开始重新加工两块蒸汽发生器隔热板；

8月14日，开始模板钻孔；

8月16日，秦山三期决定释放2C和2D蒸汽发生器组装停工令；

2001年5—6月，2C和2D两台蒸汽发生器先后组装完成，验收合格后包装出厂；

5月25日，2D蒸汽发生器运抵秦山现场；

6月19日，2C蒸汽发生器运抵秦山现场；

随后，2C和2D两台蒸汽发生器被吊装进2号机组反应堆厂房，既保证了蒸汽发生器的质量，也没有对2号机组工程建设进度产生影响。2C和2D两台蒸汽发生器隔热板开错槽质量事件处理到此圆满结束。

对这次事件的处理，是秦山三期正确行使主合同赋予的权力，确保秦山三期核电厂设备质量的一个典型而成功的案例。在整个事件处理的过程中，秦山三期始终坚持维护业主利益原则的同时，又着眼于大局，真诚交流与合作，不斤斤计较，追求双赢，充分表现出了中国人的智慧和能力，赢得了许多国外合作伙伴的尊重和信服。

28　大干 100 天

2002 年 2 月 12 日，在《秦山三核》报上发表了一篇小短文，作者署名为三核人。短文的内容是秦山三期总经理部收到一位普通职工发自肺腑的请求，恳求总经理部以行政命令的方式，让魏（国良）处长休息一下。这一个小小的请求，感动了所有的秦山三期的人。

当时的秦山三期正处在一个特殊的工作阶段，正在实施“100 天赶工计划”。在这 100 天的时间里，所有的秦山三期都在加班加点，拼着命地工作着，因为他们知道工程建设进度已经开始滞后了，玩命地加班工作几乎成了他们唯一的选择。

2001 年夏末，加拿大公司在国外一些场合介绍秦山三期项目时说出了一个他们自己的判断：1 号机组已延期近半年，2 号机组延期近 8 个月。消息传到秦山三期工程建设主要负责人、公司副总经理陈曝之的耳朵里，让他感到极大的震惊和不安。他和自己的两个得力助手卢洪早、蒋树庆经过认真分析后确认了这个事实——工程延期了！

他们在向秦山三期总经理部详细汇报后，马上召开一个公司处级以上领导干部会议。这是一次让蒋树庆铭一辈子都铭记在心的会议。会上，他听到了大家入情入理的分析、献计献策，听到了相互间的鼓励和信任，会议提出了“100 天赶工计划”。“那是一个让人感动、让人鼓舞、也让人难以忘怀的大会。”蒋树庆回忆说。

会议从下午 3 点半开到 5 点。会议结束后，马上成立进度计划工作小组，全面、认真落实 100 天赶工计划。

一天下午，已到了快要下班时间。副总经理顾军在安排调试准备进度时，发现有的建设和外援支持单位计划要求的现场人员不足时，马上请总经理部通知办公室和保卫处：封闭厂区进出口道路，逐一清点现场工作人员数量。清点发现许多单位计划上岗人员与现场实际上岗人员人数不符，有的单位少了上百号人。

这个果断措施，让所有参加秦山三期工程建设的人们感到震撼，让各个单位的负责人感到震惊，让人们看到了秦山三期严谨而细致的作风和追求，看到了合同的力量和执行合同的巨大威力：要求各单位增派人手，积极行动起来，参加到 100 天赶工计划中来，希望通过大家共同努力，赶上主合同进度计划。

这 100 天注定是秦山三期不平静的 100 天，是充满了许多感人故事的 100 天，秦山三期在这段时间里付出了巨大的努力。所以，才会听到一个普通职工的请求：这是一支作风过硬、敢于拼搏、可以战胜一切困难的高素质的职工队伍。

对秦山三期而言，人的因素固然重要，但他们更看重的是科学合理的计划管理，这是进度控制的基础。秦山三期工程进度控制管理，采用国际先进实用的大型项目管理软件 P3（Primavera Project Planner）进行计划的编制和控制。秦山三期在项目进度控制中的主要作用是监督和控制工程整体进度，采取项目计划分级管理，如发现工程进度发生偏离，及时与相关承包商沟通，并采取措施予以调整。

对进度计划实行分级管理，是指秦山三期根据里程碑进度和一级进度计划，对工程项目进行进度控制。里程碑进度包含 76 个节点，一级进度计划包括约 440 个活动。加拿大公司在一级进度计划的基础上，编制二级进度计划，经秦山三期审查认可后执行。二级进度计划共有 8816 条活动，并根据现场进展情况更新升版，但需秦山三期审查确认。三级进度计划必须满足二级进度计划的要求，土建和安装的三级进度计划总计约 4 万余条活动，调试三级进度计划总计有 5 万余条活动。

在进度管理方面，以实现里程碑和一级进度计划为目标，以控制关键路径为主线，以分级滚动计划为链条，使计划执行的全过程得到有效控制。

2002 年 11 月 19 日，1 号机组并网发电，同年 12 月 31 日正式投入商业运行，比商务主合同规定的日期提前 43 天，创造同类核电站首台机组建设周期最短的成绩。2003 年 6 月 12 日，2 号机组并网发电，同年 7 月 24 日投入商业运行，比主合同规定的日期提前 112 天，充分显示出进度控制的有效性。

29 国产化之路

从上海金山到浙江海盐，有一条沿海修筑的老沪杭公路。路不宽，也不直，双向双车道，据说当年为了躲避日军空袭而修筑得弯弯曲曲。

在20世纪80年代，钟兆府在这条路上用两条腿不知走了多少遍，50公里的路，他要走上一整天。蒸汽发生器、压力容器、环形吊车等大型核电设备，都是他从这条路上一步一步送到建设工地的。

这是一条看得见的路，虽然不宽也不直，但毕竟是一条已有的路。在钟兆府的心里还有一条看不见的路，而这条路是他无法绕开必须要走的路。这条路，就是中国核电国产化的创新之路、成长之路、发展之路。

鲁迅先生说过：“其实地上本没有路，走的人多了，也便成了路。”

建设秦山核电厂，就是在没有路的时候，有那么一群人迈着坚实的脚步，一步一步走出来的。

1981 年 8 月，浙江海盐。

秦山脚下，浑浊的海水渐渐退去，裸露出一片泥浆般的海滩，伴随着海水的波纹向远处延伸着。

天空没有一丝的云彩，当午的阳光火辣辣地洒在海滩上，照在走在海滩上的人们的身上。

走在前面的是陈曝之，他在这条不是路的路上不知道已走过多少遍，带来过多少人。跟在他身后的是钟兆府，一个典型的山东大汉，高大魁梧，说起话来满口的山东腔。

烈日炎炎下，几个人早已脱去外裤，只穿着大裤衩子艰难地向前走着。

“老陈，除了这海滩上的路还有其他的路好走吗？”钟兆府怎么也想不到陈曝之会带自己走这样的路。

陈曝之笑着说：“有啊。在秦山的后面，有个小渔村，叫夏家湾，那里有条上山的小路，可以爬到山顶。不过，我想这条路更适合你走。”陈曝之说着话，脚下没有一点的松懈，奋力向前走。

海岸边上有两亩西瓜地，地里凌凌乱乱地散落着几个不大的西瓜。8 月正是西瓜丰收的季节，大瓜熟瓜好瓜早被瓜农们摘下卖了。

陈曝之指着这片西瓜地说：“这个地方叫双龙岗，这片西瓜地将来就是核电厂的厂址。”

这是钟兆府第一次到海盐，他一直想来看一看这个地方。抬眼望去是一座不高的小山，两亩西瓜地正好处在山坳里，陈曝之说这里是建造核电厂的好地方。在一个月前，二机部核电局副局长赵志堂通知所属四 0 四厂：借调四 0 四厂第二分厂厂长钟兆府到上海“七二八工程”筹建处工作，负责生产准备和设备采购。

钟兆府是山东青岛人，1954 年毕业于山东电力学校电气专业，1956 年青岛电业局作为后备干部把他送到哈尔滨工业大学企业管理专修班学习了一年。1964 年 10 月，已经是山东电管局计划科长的钟兆府接到上级通知到北京谈话，谈话结束后通知他：一周内到二机部四 0 四厂报到。后来他才知道二机部选干部要求很高，他是从几十个干部中被选中的。他很快回山东完成交接后，在规定的时间里赶到地处西北戈壁的四 0 四厂报到，分配到二分厂（即当年的 801 工程）担任计划科长，调到上海时，已是二厂厂长。后来，当他按要求来到位于上海中山南二路 969 号 03 招待所的上海“七二八工程”筹建处报到时，才知道自己是这个筹建处的第 7 个人。

看完厂址，从海盐出来，陈曝之和钟兆府等人乘坐“七二八工程”筹建处唯一一辆老式吉普车向嘉兴驶去。他们今天还有一个重要任务是拜访嘉兴市委领导。

吉普车在乡间小路上走了将近2个小时到了嘉兴。钟兆府早就听说杭嘉湖平原是江南鱼米之乡，很富裕，可一路走来，他觉得眼见的和传说的不一样。从上海到海盐，120公里的路吉普车要跑3个半小时，从海盐到嘉兴，50公里的路要跑近2个小时，道路交通十分落后。嘉兴的街道宁静而陈旧，没有公共汽车，也没有出租车，百姓出行坐的是人力车。城市不大，他们到嘉兴宾馆和嘉兴市委，就穿街走巷，走路过去，既体验了江南风情，也可以当散步运动了。

“这样的条件，还不如戈壁滩深处的四0四厂啊！”钟兆府在心里感叹道。

从嘉兴回到上海，他们又马不停蹄地赶到北京，向二机部党组汇报“七二八工程”筹建情况。

30 300 瓶液化气

1981 年 11 月，钟兆府和陈曝之进京开会，向二机部党组汇报“七二八工程”筹建情况。听完汇报，周秩副部长叫住钟兆府：“调你到上海“七二八工程”筹建处，行不行？”

钟兆府不加思索地说：“怎么不行？行！”

周秩看着眼前这个高大直爽的山东大汉笑了笑，他了解钟兆府：看似个粗人，工作办事却是心细如发，交给他的工作，可以放心。“你去以后有两个任务：一是生产准备，二是设备采购。”

“这两个任务，哪一个都不轻松，”钟兆府心想。一个是要管人管技术，一个是要管钱管设备，可是，人在哪里？设备又在哪里呢？

钟兆府焦虑的正是二机部党组考虑的。不久，二机部开始从所属各单位抽调干部和技术骨干，为上海七二八核电建设工程积蓄力量。

1982 年 4 月 1 日，二机部决定正式成立“七二八工程”筹建处和筹建处党委，级别为地市级单位。于洪福任筹建处主任，陈曝之、周振远、钟兆府任副主任，俞潜任临时党委书记，盛稼戎、姜惠如任副总工程师，章永根任副总会计师。4 月 23 日，“七二八工程”筹建处第一次会议决定：筹建处下设政治工作办公室、基建、生产准备、供应、后勤财务五个组。钟兆府分管生产准备和供应两个组，后来还兼管了一段时间后勤财务组的工作。

1982 年 11 月 4 日，国家经委正式批准 30 万千瓦核电厂工程定点在浙江省海盐县的秦山。11 月 27 日，核工业部决定成立核工业部秦山核电厂，筹备处正副主任改称为正、副厂长。12 月 3—4 日，核电厂办公地点用两天的时间从上海迁至海盐。

1983 年初，上级通知他们可以接家属到海盐生活，核电厂职工纷纷到街道、乡村寻找家庭临时住房。搬家的时候，钟兆府特意托人从上海买了 10 块蜂窝煤拿到海盐，用了三四天，用完了上街去买，才发现海盐燃料极度缺乏，根本无法解决近 300 户核电厂家属的生活燃料供应问题。尽管海盐县政府竭尽全力，但面对一下子涌进来的这么多人，也一时无能为力，县物资局任义增局长就把上级调拨仅有的一点柴油拿出一部分，分给核电厂职工，让大家能用煤油炉烧水做饭。

1983 年 5 月，一个晴朗的夏天，浙江省副省长翟翕武来到秦山，视察核电厂厂址。翟翕武副省长是浙江省最支持核电建设的领导之一，因此，俞潜和于洪福带领秦山核电厂领导班子全体成员陪同视察。

他们为副省长选择的路线是从夏家湾翻山看秦山海湾。爬到半山坡休息时，俞潜和于洪福提醒钟兆府："老钟，你不是有困难要和翟省长说吗？"这时的钟兆府正兼管着后勤组工作。

钟兆府明白过来，径直走到翟翕武副省长面前说道："翟副省长，我们现在已经有300户职工家属了，可是我们没有煤也没有油，没烧的，职工吃饭是个大问题。海盐县没指标，满足不了供应，解决不了。你怎么也得给我们批点液化气呀！"

"你要多少？"翟翕武问。

"300瓶。"钟兆府答。

"好！你写报告，我批。"翟翕武的话，让在场的核电厂领导深受鼓舞，翟副省长强有力的支持，给了他们克服困难的勇气和信心。钟兆府当即掏出笔记本撕下一页，以秦山核电厂的名义写了报告，翟翕武副省长当场在报告上批复："同意。"

送走翟翕武，钟兆府在报告上加盖了公章，通知有关人员，第二天跟他去宁波镇海石化。为了便于沟通，他特意拿上从四0四厂带来的平时自己舍不得吸的2包没有过滤嘴的中华香烟。钟兆府带了两辆东风卡车，兴冲冲地直奔镇海炼化，找到销售部门，出示了翟翕武副省长的批条。可镇海炼化的人看到这张过于简单的批条后，谨慎而又客气地说："翟副省长的批示，我们坚决照办。"说完，举起批条说："对不起，请你们稍等，我要核实一下。"他转身回到办公室，给翟副省长的秘书打电话核实批条的真实性。不一会儿，他出来微笑着说："你们可以去办理装车手续了。”300瓶液化气钢瓶很快装车完毕，钟兆府没有片刻停留，直接返回秦山。

对翟翕武副省长和镇海石化的大力支持，钟兆府心生感激，从那时起秦山核电厂职工就用上了液化气，生活燃料的问题总算得到了初步解决。

31 立足国内

钟兆府很忙。他分管生产准备、设备采购和行政事务工作，不在一个地方办公。生产准备和行政事务都要在海盐现场办公，而设备采购要跑上海的设计院和制造厂，海盐、上海两边跑，路上耗费了他大量的时间。

后来，张怀麟来了，把生产准备接了过去。把行政处长方诗经提拔为主管行政工作的副厂长，钟兆府就全力以赴负责设备采购工作。他把家在海盐安顿好后，在上海 03 招待所要了一间房子住了下来。

上海市漕溪北路502号，有一幢上海轻工业大楼，这里以前是上海“七二八工程”设计院所在地，当年二机部的同志来了以后，将轻工业大楼六楼给了他们两间办公室，把过去10多年积累的大量核电厂设计图纸和资料一并留了下来，钟兆府每次从海盐回上海就在这里办公。

他白天看图纸，中午在人家的食堂里吃饭，晚上回到03招待所睡觉。每天早出晚归，在小巷弄堂里来回步行一个多钟头。有时走在小胡同里，听着似懂非懂咿咿呀呀的上海话，这个山东大汉总有一种既熟悉又陌生的感觉，这一路走来就当自己在锻炼身体吧！

对核电厂设备采购，钟兆府刚开始干的时候，用今天的话说有一些认识不到位：不就是个采购嘛，照单抓药，按照设计院的设备采购清单，上街采购不就完了嘛！可是，当他拿着厚厚的采购清单，从那两间小办公室走出来的时候，茫然了！整个清单上总共有5万多台件设备，这些设备在哪里？到哪里才能买得到呢？钟兆府这才真正认识到自己肩上的担子有多重！

这是一项极其艰巨的任务。一是党中央决定把核电厂建在中国最美丽的杭州湾畔、最富饶的杭嘉湖平原，即是对中国核电事业的极大支持，更是对核工业广大干部职工的充分信任。核电厂建设不能出现任何差错，这不仅关系到中国核电的未来，还关系到世世代代居住在杭嘉湖平原上的人民群众；二是要建造出安全、经济、可靠的核电厂，对钟兆府而言，不仅要有科学合理的设计、高质量的土建和安装，还要牢牢把好设备和材料的质量关。没有质量就没有安全，没有安全就没有核电厂。

摆在钟兆府面前的事实是，中国核电建设刚刚起步，许多非标准专用机电仪设备还停留在设计图纸上，这些设备占所有设备比例的 50%，占整个设备投资的 90%。一些重要设备的设计思想来源于国外图纸，我们没搞过，没经验。非标准专用机电仪设备生产都要从头开始，从图纸设计、科学试验开始，钟兆府的难就难在这里！

党的十一届三中全会以后，国家经委从我国机电行业实际出发，制定了秦山核电 30 万千瓦核电厂设备进口原则：技术难度大、国内不具备设计和制造条件的、进度赶不上的、国产比进口费用高的项目，可以进口。

同时，国家经委审核确定了 15 项非标主设备：堆内构件、核燃料组件、控制棒驱动机构、蒸汽发生器、稳压器、应急柴油发电机、核燃料装卸机、汽轮机、发电机、主泵、离心上充泵、环形吊车、主安全阀、主管道、压力容器。并明确规定：9 项是国内设计制造，6 项是国内设计国外制造。

有了国家经委明确要求，钟兆府将需要进口的设备，委托核工业原子能公司报国家批准进口。

对需要在国内生产的设备，钟兆府就用最辛苦也是最有效的方法：一家一家地跑，一家一家地看，跑完上海跑全国。为此，他专门把四 0 四厂小车队队长毛加伦和司机王厚弟调过来给自己开车，毛加伦路不熟悉他带着跑，跑设计院、跑工厂、跑车站、跑码头、跑机场，等毛加伦跑熟了再让他带着其他驾驶员跑。当驾驶员把大上海的路全都跑熟了的时候，钟兆府对上海也了解了，对自己的设备采购任务渐渐心中有底了。

32　三大控制

“三大控制”是指核电厂建工程设中的一种管理手段，即质量控制、进度控制和投资控制。钟兆府把“三大控制”管理运用到核电厂设备制造和采购中。

1986 年 7 月，国家核安全局正式颁布了《核电厂质量保证安全规定》及《核安全导则》。10 月，秦山核电厂开始编写《秦山核电厂质量保证大纲》，1987 年 3 月经国家核安全局批准后实施。

1987 年 6 月，秦山核电公司成立供应处和设备处，负责秦山核电工程的设备采购和质量保证。

为增强设备采购人员的质保意识，理解和把握安全法规，钟兆府组织大家参加国际原子能机构来华讲习班、西德 TUV 质量培训班、核安全法规学习班及秦山核电公司质保大纲学习班。还组织 30 多个国内核级设备制造厂有关人员一起学习，并在这些工厂建立与秦山核电公司质保体系相联系的设备制造保证体系。

《核安全导则》要求，加强对安全重要设备制造质量控制要明确设备监造点及见证点。钟兆府与 16 个厂家 63 项设备达成 1090 个控制点、见证点协议。在上海第一机床厂生产堆内构件过程中，共设置了 140 个控制点。一般见证点由设计和采购部门的驻厂代表进行见证。

1985 年，核工业部颁发了《住厂代表手册》，得到了制造厂家的认可，住厂代表以该手册为依据开展工作。钟兆府先后向国内 24 个厂家派出 40 多位驻厂代表，了解设备设计修改和材料代用情况、重要部件材料性能测试结果、元器件筛选、重要部件加工、焊接措施和检验结果及部件组装情况，参加设备配套试验、出厂验收，并签署意见。

非标准设备的生产需要进行科学周密的试验，驻厂代表主动对设备结构、性能、考核参数等方面提出自己的建议，积极参与各种工艺攻关试验和性能验证。

在进度控制上，钟兆府只能是急在心里，质量关他必须把住，每一个环节都不敢有丝毫的放松，但他又必须把握时间进度，设备完成交付的进度必须依据现场建设网络规划加以控制，绝不能因为时间控制不利而影响到整个核电厂建设的工程进度。

大家都是第一次建设核电厂，第一次设计，第一次安装，第一次制造，特别是几项非标主设备，需要进行科学试验，怎样才能控制进度？上海第一机床厂承制的堆内构件有56项技术攻关，上堆芯板用了2年多的时间，共进行了300次的攻关试验，才达到设计要求。

钟兆府自有主张，他把目光盯在了上海制造厂的工人身上。他采取了3个措施，一是对所承制设备的每一道工序编制科学合理的网络进度计划，纳入核电厂建设的网络计划中。二是申请一笔经费，对保证工期进度的单位和个人进行奖励，每完成一个阶段的生产任务考核、嘉奖。三是依据网络计划，每周召开一次协调会，帮助制造厂及时解决困难，谁耽误谁负责。这些措施保证了设备生产保质保量按进度完成。

投资控制是一个新的课题。过去，大家都习惯于军工设备采购，费用实报实销，也习惯于计划经济，缺乏成本意识。核电厂建设是民品工程，要考核每千瓦的造价，而当时中国的商品市场正在逐步放开，增加了投资控制的难度。

核工业部副部长、秦山核电公司总经理赵宏决定把工程建设总投资在内部实行分片承包，与土建、生产准备、设备采购和行政后勤签订内部承包责任书，对投资进行有效控制。

1988年6月，钟兆府代表设备采购部门与赵宏签订了设备、材料“供应内部承包责任书”，明确承包范围和责任：设备投资承包金额5.3亿元，核燃料组件费用1.2亿元。

为了实现承包目标，钟兆府要求各部门制定严格的管理制度，确定结算价格和价差的计算方法，制定了适应承包的核算程序和方法，加强资金管理。

从此，钟兆府在制造厂家面前又多了一个名字“钟老板”，一个手上有钱却又攥得很紧的人，而他这一紧就紧出了7000万元。

33 协同作战

1982年3月15日。

上海南京路和平饭店热闹了起来，上海100多家制造业龙头工厂的领导和技术专家云集于此，他们是来参加核电设备生产定点大会的。

这次会议由上海市核电办公室主办。上海市委市政府给予了高度重视，上海市委书记陈国栋、市长汪道函亲临会场，表现出对中国核电事业的极大支持。承担秦山核电厂建设和运行任务的二机部部长刘伟专程从北京来到上海参加会议。

钟兆府在会上认识了上海第一机床厂总工程师陈英民。上海第一机床厂是专攻精密仪器设备生产加工的企业，是上海市机电一局指定生产反应堆堆内构件的生产厂家。陈英民积极的态度、专业的水平、踏实的作风给钟兆府留下了深刻的印象，两个人从此建立了深厚的友情，开始了长期合作。

为期两个星期的大会，让钟兆府感到上海市政府和制造厂家们向他这个外来者打开了合作的大门。

上海第一机床厂坐落在闸北区万荣路上。早在 1970 年周恩来总理“七二八”指示后，上海市就着手核电厂的设计和设备制造，由于他们搞过重型机床和精密加工的经验，在陈英民的积极努力下，上海市机电一局把研制生产反应堆堆内构件的任务交给了他们。

然而，当陈英民拿到设计图纸，他的心怦然而动——看不懂！自己搞机械制造加工 20 多年了还没见过设计如此复杂、要求如此之高的机械设备。他请来设计院的同志对图纸和要求进行详细的解释和说明，自己边学习、边记录、边比较对照，经过反复分析论证，他向设计院和钟兆府提出三点意见：（1）有 56 项工艺要进行科学试验，有试验结果后才会有制造的把握；（2）要有制造手段，先盖一幢地基深 20 米、高度 21 米、装有 75 吨起重天车的密封性能好的总装车间；（3）要自己设计制造一台专业机床，以满足核级设备加工和焊接。

陈英民的话让钟兆府高悬的心放了下来，也有一些感慨。什么叫自力更生？什么叫国产化？答案就在这里！

钟兆府马上和上海核电办公室联系，确定上海第一机床厂为核电厂核反应堆堆内构件研制生产单位。上海核电办公室将国家计委批给上海市1.3亿元核电设备国产化技术措施费，拿出300万元划拨给上海第一机床厂用于盖厂房、科学试验、加工制造设备、培训人才等工作。同时，应陈英民的请求，钟兆府从自己掌握的设备费中拿出30万元作为56项工艺科研经费。

陈英民从1981年开始准备到1986年完成全部试验，具备堆内构件开工制造条件，用了整整5年的时间。1986年，钟兆府代表秦山核电厂与上海第一机床厂正式签订堆内构件采购合同，合同金额2400万元。1989年4月，上海第一机床厂完成生产任务，并通过国家级验收。

国家级验收是对设备质量把的最后一道关口。由能源部委托核工业部组织和牵头，邀请能源部、国务院核电办、国家计委、国防科工委、机械电子部、国家核安全局及核工业部相关领导和专家组成验收领导小组，依据国家经委批准的《30万千瓦核电站设备验收纲要》，分专业组，对设计、采购、安装、运行、役检、维修、调试等从不同角度审查，了解产品出厂前质量状况，对设备实物和资料进行检查和对比。在全面掌握设备基本情况后，经过讨论形成设备质量验收报告，最后得出产品验收结论性文件——验收书，并由验收领导小组向制造厂家颁发验收合格证书，产品予以出厂放行。赵宏副部长担任国家级验收小组组长。由于堆内构件是核电厂重要设备，在正式出厂验收前，钟兆府安排了预验收，提出24条整改意见，陈英民进行了认真整改，为国家级正式验收创造条件，保证了设备出厂质量。

34　筑牢根基

陈英民的任务还没有完成，这个耗费了他将近 10 年精力和汗水的核级核心设备，要把它安安全全地放在它应该放在的地方，他才会放下心来。

他和钟兆府、大件运输公司开始了新的试验。他们首先进行道路速度和冲击力试验，明确规定道路运输时速不能超过 5 公里、不能急刹车，加装速度测量仪，时刻关注车辆行驶速度。其次，设计包装方案，设计支撑架，保证堆内构件从立式生产到卧式运输再到立式安装就位不损坏、不变形。第三，根据试验结果设计实施运输质量计划，设计运输程序，严格把握运输质量控制点，完善货物交接手续，协调道路管理。当这一切全部完成以后，堆内构件从上海第一机床厂出厂启程。

1989 年 4 月 26 日，中午 12 点。堆内构件装车出厂——下午 4 点到达宝钢码头，上船，进黄浦江和紫石泾河——第 3 天早上 6 点到达金山南门码头，卸船装车——当天下午 4 点到达秦山核电厂安装现场，用时 76 小时。

钟兆府和上海第一机床厂核电办主任徐谷峰全程跟随参加护送，从金山码头到秦山核电厂安装现场 50 公里，共计 100 多人步行 10 个小时。

上海第一机床厂只是上海众多制造厂家中的一个，堆内构件也只是钟兆府采购的众多大型设备之一。这样的厂家在上海有上百家，这样的大型重要设备有几十台。钟兆府就是这样一家家地跑，一家家地监督检查，生产完成后再一件一件送回来。

当秦山核电 30 万千瓦核电厂 1991 年 12 月 15 日并网发电，钟兆府终于可以坐下来歇口气的时候，回头望去，他们订购的设备遍布除了中国台湾、海南、青海、新疆、西藏 5 个省和自治区的全国所有省市自治区。

国内专用设备采购合同签订了 1206 个，188 个制造厂。

国内标准设备采购合同签订了 1292 个，491 个制造厂。

国外进口设备采购合同签订了 110 个，81 个制造厂，分布在美国、英国、法国、西德、日本等 11 个国家和地区。

从他手里花出去的购买设备及材料的钱近 9 亿元（人民币），占工程总投资的 67.8%。

由国家审核确定，钟兆府负责采购运输的 15 项非标主设备是：

堆内构件：上海核工程研究设计院设计，上海第一机床厂制造。

核燃料组件：上海核工程研究设计院设计，核工业八一二厂制造。

控制棒驱动机构：上海核工程研究设计院设计，上海先锋电机厂制造。

蒸汽发生器：上海核工程研究设计院设计，上海锅炉厂制造。

稳压器：上海核工程研究设计院设计，上海锅炉厂制造。

应急柴油发电机：大连机车厂设计，大连机车车辆厂制造。

核燃料装卸机：上海核工程研究设计院设计，上海起重运输机械厂制造。

汽轮机：上海汽轮机厂设计、制造。

发电机：上海电机厂设计、制造。

主泵：西德 KSB 公司设计、制造。

离心上充泵：西德 KSB 公司设计、制造。

环形吊车：西德 PWH 公司设计、制造。

主安全阀：日本冈野阀门厂设计、制造。

主管道：上海核工程研究设计院设计，法国 FAMSB 厂制造。

压力容器：上海核工程研究设计院设计，日本三菱重工神户造船厂制造。

35 风雨兼程

上海金山南门码头，是上海市为金山石化工程大件转运而修建的，起重能力达 600 吨，完全可以满足秦山核电厂大型核设备的中转。钟兆府一眼就看中了这个地方。可是，由于当地的人们对核的不了解而产生的恐惧，使他的工作遇到了巨大的困难，这是他必须面对的挑战。

1986 年年初，国务院领导同志在上海市领导的陪同下视察秦山核电厂建设情况，要求上海市委市政府支持秦山核电厂建设。市领导回来后马上召开由主管副市长、市经委主任、核电办主任、交通局局长、港务局局长、大件运输公司经理、金山石化总厂部门领导参加的大件和燃料组件运输协调会，钟兆府参加会议并详细汇报了核电设备的数量、运输要求以及亟待解决的问题。会议结束，上海市有关部门被发动了起来，积极配合，在金山选了两个中转点：一是金山南门码头，二是金山火车站。有这两个理想的大型设备和核燃料装卸场地作为中转站，为大件核电设备和核燃料的水路、铁路、陆路运输创造了条件。

当时，由于上海市还没有隧道、没有大桥，没有符合运输条件的公路，无法从公路运输大件设备，就通过水路运输至金山南门码头再转为公路运输至秦山施工现场。核燃料组件从四川用铁路运至金山火车站再转为公路运输至秦山施工现场。所以，在秦山核电厂建设期间，上海金山南门码头和金山火车站为核电大型设备和核燃料组件的运输做出了突出贡献。

1989 年 4 月初，赵宏根据核电厂建设安装网络计划，将要实施蒸汽发生器安装，要求钟兆府必须在 4 月 30 日前，将设备运抵秦山核电厂建设施工现场。4 月 16 日，钟兆府召开由 41 个

单位参加的协调会，审核运输方案，确定运输时间为 4 月 26 日，协调各单位按接口分工做好起运前的准备工作，确保运输安全。

4 月 26 日，蒸汽发生器从上海锅炉厂出厂，准备乘船进入黄浦江。此刻，黄浦江上，乌云翻滚，电闪雷鸣，狂风大作，这是上海 104 年以来最大的一次降雨，伴有 6 级以上大风。承担卸车装船任务的“向阳”4 号浮吊高大的吊臂在风中摇晃，船员们拼尽全力仍然无法如期完成吊装任务。这一不可抗拒的自然力量打乱了 41 个单位的统一计划，只能延后，等待风小之后再次装船。

由于特大暴雨使内河水位急剧上涨，装载蒸汽发生器的船只从黄浦江转入紫石泾河，这是一条只有不到 20 米宽却长达 20 公里内河水路。小河上最低的金卫桥孔实际净空高度与方案要求相差 50 厘米，水位上涨使装载船只无法通过而被迫停航。此时是 4 月 28 日下午 7 点。雨还在下，如果等水位自然降低至少要 3~4 天，不仅 5 月 1 日安装就位的计划要落空，而且船队也会阻塞航道影响河道运输。

钟兆府无奈地拿起电话向赵宏报告：“赵部长，船过不去，我实在没办法了。”

赵宏只说了 4 个字就放下了电话：“我按时要！”

钟兆府被逼上了绝路。他叫王厚地到金山南门码头把环吊的大铁块拉来，想压在船上，把船压下去。可是不行，雨大路滑，汽车吊从两边根本靠不上去，不小心车要滑到河里，这个方法只好放弃。钟兆府在金山连夜召开运输协调领导小组第二次紧急会议，大胆果断地采用注水压舱方案，并详细研究了实施细则。

钟兆府再次打通了赵宏的电话：“赵部长，我有办法完成任务，但我要先向你报告，因为万一出现差错，我个人负不起这个责任！”

赵宏问道：“你采取什么办法？”

钟兆府大声回答：“第一步，我注水压船；第二步，我用人力拉船。”

“这个方案，你们研究可行吗？”赵宏接着问。

“可行。但有风险！”钟兆府坚定地说。

“我同意！但你们要确保万无一失，保证设备的安全，保护人员的安全。”赵宏果断地回答。

钟兆府马上连夜组织实施。首先打开车上船上所有灯光，对蒸汽发生器进行定位加固；其次在密切注视船体倾斜度的情况下，开始向船舱注水；第三，发动自己的职工到附近农村挨家挨户找人拉船，准备拉船绳索和工具。

经过长达5个小时的注水，29日凌晨4点，船体被压了下去，可以穿越桥孔。钟兆府组织了100人分两组在两边像纤夫一样拉着船走一点一点地慢慢走。100人仅仅拉了15米的距离，却耗时2个小时。采用人力是因为担心柴油发动机推船用力过猛，使船舱里的水波动太大而造成不良后果。船上的宝贝蒸汽发生器从试制到出厂可是用了10年的时间，一旦出了问题，秦山核电厂还能按时发电吗？钟兆府不敢有丝毫大意。

这一夜所有参加运输的人都没有睡觉，直到天亮后把蒸汽发生器运到金山南门码头卸船装车后才去休息。

30日早上6点，钟兆府又踏上了返回秦山的路。下午4点将蒸汽发生器安全准时送到了核电厂安装现场。

36 放飞梦想

在钟兆府的眼里，设备就是他的心和血，设备安全就是他的生命。

1986年底，日本三菱重工神户造船厂生产的压力容器通过验收准备交付中方，可秦山核电厂建设还不具备安装条件，却也只能先拉回来。

可是，拉回来放哪？

核电厂正在施工建设。施工现场在海边，空气湿度大，氯离子含量高，冬夏温差大，现场施工材料多，对重要设备保管极为不利。钟兆府把设备从船上吊到陆地上，在金山南门码头就地建造起了钢架结构临时棚库加以保护，又在旁边再建一个氮气站，安排年洪斌每两天去巡查一次，并按要求每月向筒体内充氮气和更换干燥剂，防止静电腐蚀的发生。这一放就是21个月，进行了22次冲氮，保证了设备的原有质量。

“采购可是不简单，千万不要小瞧了它。没有设备的国产化，哪有核电的国产化！”钟兆府经常对自己和同事们说。

钟兆府的采购是伴随着中国核电设备国产化一起走过来的。这份工作，让他见证了中国核电国产化的起步、发展和壮大。

2007年4月，钟兆府与陈英民相隔多年后再次相逢，两位老人谈的最多的，还是当年共同经历的艰辛与快乐。

不同的是，75岁的钟兆府已经退休10年了，而曾经担任上海第一机床厂总工程师的陈英民在这10年中又领导组织完成了秦山二期核电厂和恰希玛核电厂堆内构件的制造。他以73岁的年龄仍然精神矍铄地工作在堆内构件制造业的第一线，为秦山二期扩建工程和百万级千瓦核电厂堆内构件制造继续努力工作，用他的话说，没有当年秦山一期的制造经验，也就没有今天的国产化的手段和能力。

还是在闸北区万荣路上，上海第一机床厂将堆内构件分厂与上海先锋电机厂控制棒驱动机构分厂合并成立新的上海第一机床厂有限公司，陈英民仍然担任在职总工程师。这里已成为专门生产核电厂堆内构件和控制棒驱动机构的专业厂。后来又在上海浦东投资4亿元扩建了新厂。

秦山核电30万千瓦级、60万千瓦级和岭澳核电100万千瓦级核电厂堆内构件和控制棒驱动机构都在这里制造，新一代核电厂堆内构件和控制棒驱动机构也将在这里制造生产，这里已成为我国生产压水堆核电厂从30万千瓦级到100万千瓦级堆内构件和控制棒驱动机构系列产品的重要生产基地。

面对迎面而来的核电发展的春天，两位老人激动而自豪，他们用自己的勤劳和智慧走过了艰难、跨过了险滩，终于踏上了一条核电国产化的阳光大道，但他们还有遗憾，还有不满足，制造国产化的问题解决了，可材料国产化的问题还没彻底解决，有些重要关键设备材料还需要花大价钱进口，他们多么希望我们自己有能力用自己生产的材料制造出自己的核电设备，建造出完完全全属于自己的核电厂啊！

这是他们的梦想，是他们毕生的追求。在中国核电国产化的道路上，他们洒下了自己的汗水，也播下了希望的种子。

他们心潮澎湃，感慨万千。

“忆昔日，核电国内空白；看今朝，核电遍地开花。”

——钟兆府

37　按图索骥

1990 年初，八一二厂江南分厂主管设备维修的副厂长耿昌心接到通知，说是从秦山核电厂来了 3 个人想见见他。这 3 个人，一个是秦山核电公司劳动人事处的处长吕自强，一个是检修部的书记张浩林，还有一个是检修部的副主任何惠民。交谈中，耿昌心知道他们是专程来这里考察自己的，最后还按要求写了自己的个人简历。

送走客人，耿昌心意识到自己的工作将会发生变化。对设备和检修，他不怕，这是他的本行，走到那里他都可以做到心中有底，但对核反应堆，他并不熟悉。1988 年到兄弟厂学习参观时才第一次见到核反应堆，到秦山核电厂与核反应堆打交道，他心里没底，却有信心，因为这对他是新的挑战，新的考验。他喜欢这样的挑战和考验，他喜欢这种感觉。

1990 年 5 月 1 日，耿昌心调到秦山核电公司，被安排在检修部机械队工作。此时，秦山核电厂建设已经到了工程安装收尾阶段，设备在冲洗，系统在调试。

“留给我的时间已经不多了。”耿昌心感到时间紧迫。核电厂一旦投入运行发电，进反应堆厂房里熟悉了解设备就不可能了。他想进厂房看看，他要尽快了解核电厂的设备和系统。机械队管理组对这个刚调来的新员工给予了极大的帮助，专门安排一个老同志带着他钻进了迷宫般的核岛（反应堆厂房）和常规岛（汽轮机厂房）。

那么多房间、那么多管道，没个人领着还真不知道往哪里走，他只能跟着师傅走，否则就会迷失方向。渐渐地，他对里面熟悉了，就不再让人陪同，拿着队里给的一本“联络图”，按图索骥，开始自己摸索。他坚持每天进厂房，一个手电，一个挎包，装着一个小本子，就是他的全部行囊。他在漆黑的设备间里爬上爬下查看设备名牌，一个不漏。他想建一本设备台账，有了这个设备台账就知道有多少关键重大设备，这些关键重大设备都分布在哪些房间，以后需要检修的时候就会非常方便。

设备厂房里面环境很差，照明设施还没有完全整理好，有的地方黑灯瞎火，全靠手电那点光亮。有些设备放置地点比较高，有脚手架可以上去，有的地方没有脚手架只好再想别的办法。在设备的家园里，蚊子很多，他每天出来时脸上身上总是要让蚊子咬上不少的包，可这点苦与他心中那本珍贵的设备台账相比又算得了什么。他把自己看到的全部抄录到小本子上，前后用了近半年的时间把最原始的设备台账建立起来。

多年的工作使耿昌心养成了看图的习惯，看图的过程也是一次学习的过程。由于时间紧，他只好有选择性地看图。先看重要关键设备的图纸，这些设备图纸看一次吃不透，他就多看、反复看、长时间看，直到看懂看明白，比如压力容器、蒸汽发生器等。对安装就位的重大设备，耿昌心不仅要看图纸，还要看实物，在实物和图纸之间反复比较。对检修部自己加工的设备和工具，耿昌心先要看加工好了没有，还没有制造加工的，图纸他要仔细看，看它的设计构造、使用功能，看它的设计是否科学、合理、正确。对那些已经制造好的，图纸以后有时间再看。

检修部有许多模拟体，是培训检修人员用的。对模拟体的设计图纸，耿昌心看得十分仔细认真，如果设计出现差错就等于是在误导检修人员，将来是要出乱子的。对于在设计图纸中发现的问题，他都要写出自己的观点，思考着应该怎样修改解决。他曾经看到一份检修工具设计图纸有错误，他把个人意见写好悄悄地送给设计单位，对人家说这只是我个人的意见，不代表单位的态度。这样做他有两层考虑：一个是看自己的理解和判断对不对；二是向设计院的同志请教学习。希望通过学习交流，加强与设计单位的沟通和理解，在业主与设计单位之间架起一座沟通和交流的桥梁。

耿昌心把看图当作生活的乐趣，自觉自愿；把沟通交流当作学习的机会，真诚待人，从而赢得了领导和职工的信赖，得到了合作伙伴的敬重。

4 个月后，耿昌心被任命为秦山核电公司检修部副主任。

38　迎难而上

1990 年 10 月，耿昌心担任检修部副主任后，检修部办公室安排他参加公司组织的早会和例会。

参加早会和例会，耿昌心遇到了极大的困难。各单位各部门讲这个系统说那个系统，他一下子反应不过来，一段时间不知大家所云。这是他对自己最担心的地方，但他坚持不退缩，认为这是非常好的学习和锻炼的机会，只要是生产计划部门和钱剑秋总工程师安排给检修部的工作，他全部接下来，坚决执行。

检修部骨干力量分布在机械、仪控、电器等几个方面。耿昌心对机械队比较熟悉，力量很强，每个班有 2~3 名大学本科毕业生，还有一批来自核工业系统、东北电厂等单位，熟悉现场的技术骨干。这些同志的个人技术水平很高，特别是从四 0 四厂来的同志，长期在反应堆上工作，对反应堆情况非常熟悉，虽然核电堆与军工堆不一样，但对核电厂反应堆的管理、检修的要求是非常清楚的，他们是检修部的中坚力量。

安装后期，耿昌心发现职工队伍里存在的问题。仪控队从一开始就参与安装，在核电厂运行中，仪控队在维修的深度和维修的主动性上表现最好，因为他们对系统了解，对仪控了解。机械队不参加安装，在设备系统交付使用之前出现的问题由安装单位负责解决。机械队每一次介入都是上级安排的任务，有的职工就会觉得这个任务是不是该我做的。耿昌心知道这是一支好队伍，关键在于怎样引导，他要把这种观点和思想逐步扭转过来。多年的检修经验，他心里清楚在检修一线干活干得是越多越好，干得越多才能够承担更多的任务。一线技术人员的手艺是靠干出来的，就像搞设计、搞管理的，也是干得越多越好，干得越多经验越丰富。所以，只要是耿昌心去开会，只要是安排给检修部的任务，他全部都接下来，回来后和检修部主任一起共同商量，把任务一项一项安排下去。为了做好大家的思想工作，他有时候还要亲自到现场去与大家一起干，这样可以和大家有一个熟悉的过程，可以到各个班组走走、看看，和大家从不相识到相识，到熟悉，逐步融入到这个群体之中，和同志们打成了一片。

耿昌心找到检修部主任谈了自己的一个想法。机械队里大学生很多，全在班组一线，他建议他们在基层锻炼的时间不宜过长，不能长期放在班组里，而是要放到管理岗位上，要充分发挥他们

的知识才能和管理才能，以调动他们的积极性和工作热情，使他们能够堪当大任。

1991 年 12 月 15 日凌晨，秦山核电厂并网发电。这一刻，身为检修部副主任的耿昌心在家休息，可他哪里休息得了，他是身在厂外而心在厂内。他始终守在电话机旁，心神不定地等待着。电话机不响，他不安，他不知道机组并网的情况；电话机响了，他更紧张，一旦发生意外，他就要马上赶进厂里检查检修。直到从电话机里传来并网发电成功的消息时，紧绷的神经才松懈了下来。这一夜，他感到时间实在是漫长无边。

39 走马上任

耿昌心刚到检修部的时候，检修部主任是由秦山核电公司副总工程师姜惠如兼任的。1992 年初，冯明源从八二一厂调到秦山核电公司担任检修部主任。八二一厂曾经给耿昌心留下了非常好的印象。1988 年秋天，耿昌心去八二一厂参观学习，八二一厂对所有外网的蒸汽管道每一个阀门都进行了保温处理，每一个阀门都有挂牌，按时巡检。八二一厂对设备进行“五定”管理，即定人、定时、定点（加油的孔）、定质（油的质量）、定量（加油数量），使这些设备得到了很好的保护。在他们职工的工作岗位上，每一个设备都有一个简图，标得非常清楚，每个设备是谁管的，谁负责加油，在什么时间往哪个孔里加什么油、加多少油，工作非常细致。耿昌心一直把他们当作自己学习的榜样，所以，耿昌心很尊重冯明源。冯明源雷厉风行、说干就干、敢于负责的领导作风，正对了耿昌心的脾气。在检修部的各项工作中，耿昌心守护着机械方面，王建民守护着仪控方面，何惠民守护着电器方面，检修部的工作开始渐有起色。

1994 年 4 月 1 日，在秦山核电 30 万千瓦核电厂投入商业运行后，开始着手准备核电厂第一次换料大修。

有一天，冯明源开会回来对耿昌心说："老耿，你要调走了，你需要什么人尽管说，我全力支持你的工作，咱们共同搞好第一次换料大修工作。"耿昌心从冯明源的话里得知公司马上就要组织第一次换料大修了，已经开始排兵部将。让他没想到的是在姜惠如退休以后，公司会任命自己为主管机械工作的副总工程师。

有了公司领导的信任，有了老领导冯明源的支持，耿昌心在担任副总工程师后，迅速组织起了一支技术骨干队伍，这支队伍在秦山核电厂第一次换料大修的准备和组织实施中起到了关键作用。

组织核电厂首次换料大修对耿昌心和许多人来说是一项全新的工作。耿昌心在八一二厂工作的 20 年间有过多次生产线的大修经验，在车间当机动科长时就组织过停车大修，在分厂当副厂长时也组织过，知道该怎么做。可是，核电厂要复杂得多，他就多开会议多交流，请外国人讲课，向老同志多请教，向钱剑秋总工程师多请示，多汇报。在大家的共同努力下，大修计划制定出来，计划用时 99 天，规模很大，包括常规岛开缸解体。在准备工作期间，把运行、检修和管理人员全都发动起来，耿昌心要求各相关部门和承包商在备品备件、材料、工具等方面尽可能考虑的细致、全面，不出纰漏。

秦山核电 30 万千瓦核电厂首次换料大修从 1994 年 10 月 21 日开始，至 1995 年 1 月 25 日结束，实际工期 93 天，提前 6 天完成任务。当核电机组再次投入发电运行的时候，耿昌心悄悄地松了一口气，他在学习和实践中对核电厂更加了解，对核电厂的换料检修有了一次宝贵的经验。在许多年以后，当耿昌心回想起这第一次的时候，他知道同志们虽然辛苦，可是与现在相比差距很大，水平不高，没有现代化的仪器设备，没有计算机，没有现代化的管理手段，更没有现代化的先进的管理理念，没有制度的约束，全靠经验。但是，这个第一次极其宝贵，值得骄傲，各个部门群策群力，提出了大修网络计划，为以后的换料大修积累了经验，探索了道路。

40　吊篮异常

秦山核电厂并网发电最初的几年，机组运行状况并不理想，设备原因而导致的非计划停堆停机事件时有发生。那时，秦山核电公司最忙碌的单位就是检修部。

1998 年 7 月 14 日，秦山核电厂按计划开始第 4 次换料大修。检修刚刚开始即发现反应堆吊篮筒体下部及吊篮支架出现损坏。这是核一级设备损坏，按照核安全法规规定必须找出损坏原因，对生产可能产生的影响进行评估后才能提出维修方案。刚刚从公司党委书记的岗位上接任总经理的林德舜承受着巨大的精神压力。核电机组每停一天都要承担数百万元的经济损失，而核电机组能不能修好、何时修好都在考验着公司每一位职工。此时已是主管设备检修工作的公司副总经理耿昌心看在眼里，急在心上。在检修现场，检测探头正在水下移动检查，望着黑白显示器里模糊不清的画面，耿昌心想起一个人给他说的一件事。

张玉良是检修部管理组专业工程师。在耿昌心眼里，这是一位任劳任怨、专业非常好、非常细心的人，他对装卸料系统的所有重要设备非常熟悉，装卸料非常有经验，许多问题他发现后都能得到解决。在耿昌心的心里，张玉良是检修部非常难得的人才，而且对耿昌心工作上的帮助和影响非常大。

1995年12月，第二次换料检修时，检修人员把反应堆吊篮拿了出来。按常规，第二次不应该拿出来，但反应堆的水下灯爆炸了，碎玻璃掉进了堆芯，必须把异物取出来，把吊篮拿出来的目的是清理异物。在碎玻璃清理干净以后把吊篮装回去，存放吊篮水池里的水放光了。

有一天，张玉良找到耿昌心："耿总，我下到水池里去检查，在吊篮存放架的池底下发现了一颗螺丝钉。"

"螺丝钉？在哪里？"耿昌心警觉地问。

张玉良说："我把它存放在铅罐里。有剂量，可能是从堆芯掉出来的。"

耿昌心听罢带着张玉良进库房查看。辐射防护科的人把铅罐打开用钳子夹出螺丝钉让他仔细看，回到办公室后做了一个详细的记录，多长多大多粗，并向总经理做了口头汇报。他找来图纸，左看右看看不出毛病，如果是从吊篮上掉下来的，可从图纸上看不出问题。他认为设计应该是没问题的，但这是一个不好的征兆。

难道这次的问题就是上次出现情况的后果吗？耿昌心的心里隐隐有些作痛，如果早一些引起足够重视，今天的问题可能就会避免，停堆处理的时间就不会太长，损失也不会太大。

反应堆吊篮筒体下部及吊篮支架检查是通过预先安装的水下探头进行的，传输到黑白为示器里的图像模糊，效果不理想，可以判断有问题，但看不清楚，一时无法决定下一步怎么做，怎么修。所以，当前的首要问题是要想办法把问题搞清楚。

鲍曼先生是德国ABB公司核技术专家，检修部从他那里引进过堵管工具，耿昌心与鲍曼先生有过一些交往，彼此比较熟悉。鲍曼曾全面介绍过他的ABB公司，耿昌心知道他有解决自己问题的手段。作为林德舜总经理的副手，耿昌心明白大家此刻所承受的巨大压力。他找到林总建议请鲍曼来先谈一次，林德舜同意了。

41 查明原因

1998年深秋，在一个秋高气爽的季节，鲍曼从德国赶来了。

在国光宾馆，两个人刚落座，鲍曼的第一句话就是："耿先生，你们是不是遇到困难了？"

耿昌心对鲍曼的职业敏感心中暗暗吃了一惊，却不置可否，而是请鲍曼介绍ABB公司的情况。鲍曼介绍得非常详细，特别是在检修方面，认为自己完全有能力帮助秦山解决问题。他早已了解到秦山核电厂已经停下来一段时间了，他一再表示："耿先生，我们怎么合作？你们让我们干什么？"

对他的问话，耿昌心仍然不置可否，而是请他先休息，自己马上向林德舜报告。林德舜要先向北京报告后才能决定，请耿昌心想办法让鲍曼多留半天。

中午的饭很简单。鲍曼执着地提自己的老问题："耿先生，我们怎么合作？你们让我们干什么？"

"不着急。现在是中国江南最美丽的季节，我邀请你到杭州或苏州去游览，你也休息休息。"耿昌心说。

鲍曼诚恳地说："耿先生，我们是老朋友了。请你告诉我，你们是不是遇到麻烦了？我知道你们遇到麻烦是要请示北京的。我今天可以等你们一个下午，但是今天晚上你们能不能决定，如果今天晚上能决定我就再等半天吧，但杭州、苏州我都去过了，今天就不去了。如果今天晚上还定不了，那我就不再等了，我的飞机票都买好了。"

耿昌心再次请示，林德舜有些无奈，说："晚上很难说，就让他先回去吧！"

耿昌心只好客客气气地把鲍曼送走了。

当天晚上，林德舜在国光宾馆玉兰厅召开公司总经理办公会，公司副总工程师以上干部全部参加。会上，大家焦急万分，讨论的结果还是请德国 ABB 公司先检查清楚，再讨论下一步该怎么走。林德舜在向北京打了 3 次电话后，拍板决定先请德国 ABB 公司检查，同时批准耿昌心明天赶到上海把鲍曼追回来的建议。

耿昌心知道林德舜的决定所承受的巨大风险和压力。他必须把这件事处理好，走好第一步，高效而不露声色。

他当晚赶到厂里，一是把准备好的资料图纸全拿上，二是打两个电话。第一个电话打给了接待科宋英，是她下午把鲍曼送到了上海。宋英的心很细，她告诉耿昌心鲍曼住在上海虹桥机场旁边的一个4星级宾馆，就连房间号码和宾馆总台电话也一并告诉了他。第二个电话打给了黄潜，请他担任翻译，马上到自己办公室给鲍曼打电话，约好第二天在宾馆面谈。

第二天，耿昌心和黄潜赶到上海与鲍曼见面。

在宾馆大堂找了一个角落坐定后，耿昌心开诚布公：“鲍曼先生，我们确实是遇到困难了。”把自己检查的情况实事求是地讲了出来。“我们想请你来做进一步的检查，你们能做到吗？”

“其实，你们请我来我就预感到了，否则，你们的机组也不会停那么长时间。我们的能力和水平昨天都介绍过了，你们可以放心，我们能做到。”鲍曼诚恳而自信地说。“这些资料能不能

留给我？”

“可以。但我有两个条件：一是这些图纸不是正式的图纸，仅供参考；二是这套图纸你拿回去后，不能复印，只能有这一份，将来要还给我。”耿昌心在得到鲍曼的肯定答复后，把图纸留给了他。

两个人接下来开始谈价格，谈责任，谈好之后，已是天黑时分。此时的林德舜正在家里焦急地等待着，接到耿昌心的汇报，悬浮的心才稍稍安定了下来。

然而，这毕竟是秦山核电公司自己的决定。在耿昌心回来的第二天，林德舜对耿昌心说："老耿，走，咱们上北京！"

急忙赶到北京，他们才知道总公司领导都不在家。后来打听到李玉岺副部长在北戴河，就赶了过去。核心只有一个，就是我们目前还没有更先进的检查手段。如果等国内设计单位开发研究，谁也不知道要研究到什么时候，谁也不知道还要等到什么时候，只有请国外公司先来把问题查清才是最有利最可行的方案。“我们等不起啊！”在得到李玉岺副部长的理解和支持后，林德舜在北京给其他部长都打了电话，说明自己决定的理由。

42 修复重启

德国 ABB 公司很快查出了结果，图像看得十分清楚，里面损坏的程度让耿昌心吃惊和不解：我在看图的时候居然没有看出来，这是不应该的，为什么？他反复查看图纸，对照录像图像，分析原因。如果制造单位按照设计图纸和要求去认真执行，一定不会出现这样的问题。如果图纸没有问题却又出现了问题，那么这个问题的根源可能在制造过程中。他发现反应堆的堆芯底下一个固定螺丝，图纸上要求是全部满焊焊死，可实际上却是鼻涕焊。所以，从图纸上是发现不了问题的，又怎么可能知道螺丝为什么会掉下来?

耿昌心找到了设计单位，原因很快就查明白了。原来，我们在学习别人的图纸时，并没有全部理解吃透，在设计图纸上对国家焊接符号表述不清。图纸设计要求是焊死，可焊接工人却说无法按图纸去做，只能改成鼻涕焊，设计与制作双方缺乏理解和沟通。结果正式焊接没有按照图纸要求去做，而图纸却没有改过来，图纸与实际存在巨大差距。

原因查明后开始着手修复准备。修复，我们同样不能等，秦山核电公司请来 4 家我们熟悉的经验丰富的国外公司进行招投标：美国西屋公司、法国法马通公司、德国 ABB 公司、日本三菱公司。

在浙江海盐，秦山核电公司国光宾馆，经过第一轮谈判，法国法马通公司和日本三菱公司都表现出修复的能力，却因计划修复时间过长，我们不能接受而打道回府。林德舜决定移师北京与

德国 ABB 公司和美国西屋公司再谈，以便能够及时向总公司领导汇报。

1999 年冬天，北京。

对早已习惯了江南生活的人感觉格外的寒冷。林德舜和耿昌心带领一个庞大的谈判工作小组马不停蹄赶往北京，并通知德国 ABB 公司和美国西屋公司晚餐后开始谈判，次日下午 4 点宣布谈判结果。

晚饭后与美国西屋公司一谈就是一个通宵，第二天早上 6 点半结束，稍事休息后上午 8 点与德国 ABB 公司接着谈，谈好后马上到部大楼向部长们汇报，下午 4 点宣布谈判结果：美国西屋公司中标。

谈判十分艰苦，大家在林德舜的带领下，谈谈停停，两天一夜没合眼。耿昌心冲在前面，林德舜在隔壁房间等候。耿昌心与对方谈一段时间，大约两个钟头，谈累了就休息一会儿。在休息的时候，耿昌心向林德舜汇报，听意见，调整谈判思路，再接着谈。对方也是如此，也要向公司总部打电话，向上级主管领导汇报。让耿昌心感动的是，每次敲开林德舜的房门，总是看见他孤独地坐在房间的沙发上，香烟不离手，表情凝重，不看电视，更不睡觉，对耿昌心每一次报告和请示，总是能够作出正确的判断和果断的答复。他能感受到林德舜作为总经理在此时此刻所承受的巨大思想压力，这种压力对于参加谈判的每一个中国人的精神、意志和能力都是一次巨大的考验。

漫长的谈判和焦急地等待，让耿昌心和他的检修队伍憋足了一股气。当美国西屋公司提出 24 小时倒班作业时，得到了秦山核电公司的积极响应和支持，首开 24 小时检修倒班作业之先河。

为了配合西屋公司工作，每个班还安排了2个会说英语的职工一起工作。这样的安排，不仅让中国员工学习到了知识和经验，共同并肩战斗的经历也让检修部员工与西屋公司员工个人之间建立起来深厚的友谊。这次合作，耿昌心最大的收获是学到了一套处理设备故障的技术，虽然我们还没有手段，但学到了他们的工作作风。从那以后检修部的装换料就是24小时不间断工作，大大提高了检修换料的效率，缩短了时间。

这次换料大修用时14个月，耗资1600万美元。当核电机组再次投入运行的时候，耿昌心在许多场合谈了自己的感受。秦山核电30万千瓦核电厂是原型堆，是我们自己设计建造的，是在国外很多资料封闭的情况下摸索出来的，在设计、建造、运行和管理的各个阶段难免会出现这样那样的问题。对这些问题我们必须保持高度的警惕，要有度高的责任心，不能放过一丝一毫。这一次给我们的教训太深刻了，让人刻骨铭心。他向总经理提出2条建议，一是应该抓好技术改造不放松，二是要全面培训各级领导干部，到国外去学习或请外国人来讲课，时间要长一些，最少要2~3个月，有条件半年都可以，总经理带头，副总经理、处长都要参加学习。这2条建议总经理都接受了，其实这也是林德舜总经理最想做的2件事。

秦山核电公司在国际原子能机构的帮助下开展了大规模学习活动，同时开始着手准备设备和技术改造第一个5年规划。

43 修出国门

1991 年 12 月 15 日，在秦山核电 30 万千瓦核电厂并网发电以后，中国和巴基斯坦两国政府签署了建造巴基斯坦恰希玛核电厂的合作协议。10 年后，巴基斯坦恰希玛核电厂迎来第一次换料大修。

2002 年下半年，耿昌心接到为恰希玛核电厂换料检修的任务，并担任了双方第一次谈判的主谈人。秦山核电公司检修部报价 365 万美元，最后让利 3 个点，实现了预定目标。为了能够顺利完成恰希玛核电厂的大修任务，耿昌心和他的检修部做了充分的准备，他考虑最多的是在合作中广交朋友，在工作中塑造团队，在市场上谋求发展。

合同签订以后，耿昌心组织了一个代表团访问恰希玛核电厂，向巴方人员汇报自己大修的准备情况。在耿昌心看来，我们是承包商，应该这样做，但更重要的是检查恰希玛核电厂巴方现场准备情况，这叫知己知彼。果然，巴方根本没有准备，也不知道怎么准备。耿昌心暗暗感到庆幸，自己这一趟是来对了。谁都有第一次，你不会，我们就教你，因为我们不仅是伙伴，更是好朋友。直到今天，恰希玛核电厂每一次换料大修都是这样开始的，这已经成为一个惯例。

“外交无小事！”耿昌心从准备工作一开始就要求自己细心，关注细节，在与巴方的交往中要求自己真诚、主动，不出差错。

在恰希玛核电厂检修现场，巴方人员作为业主每天有例会，有时有早会，邀请承包商参加，这个会是秦山核电公司作为承包商建议他们开的。在恰希玛核电厂停堆前三天，耿昌心把第一份自己亲自起草编写的简报交给了巴方负责人。接过简报他满脸疑

惑地说“检修还没开始呐”，耿昌心说，我的准备工作可是已经开始了，我们的专用工具的都已检查过了，准备好了。

从此以后，耿昌心每天一份日报，每周一份周报，每次开会都会准时送到巴方负责人的手中，而每次开会巴方负责人也总是让耿昌心第一个发言。耿昌心还建议他们自己也出一份日报，他们采纳了。在恰希玛核电厂第一次换料大修期间，耿昌心亲自编写了十份情况简报，通过这些简报，架起了一座双方沟通的桥梁，一座合作的桥梁，也是一座信任的桥梁和友谊的桥梁。在这座桥梁上，我们不仅要当好承包商还要当好老师，要教会他们怎样工作，教会他们怎么准备大修，怎样当业主，怎样制定网络计划，怎样调整网络计划，怎样要求承包商，安排承包商今天干什么、明天干什么、三天之内应该完成什么。慢慢地，他们学会了，执行了。耿昌心不仅完成了自己的任务，也帮助了朋友，成为他们的老师。

出于对秦山核电公司检修部的信任，巴基斯坦方面把最难修的任务交给了耿昌心，阀门、水泵全部是最重要的和大口径的。有时开早会，巴方负责人一会儿说这个漏那个漏，一会儿说这个不行那个不行。可每当这个时候，检修部计划人员就会对耿昌心说：“耿总，你放心，这里没有我们的。我们检修的设备都是一次启动成功，开起来一个不漏，在验收时都通过了，运转起来个个都好，他们非常满意。”在第三次换料大修的时候，恰希玛核电厂给秦山核电公司一个至高的评价：最佳承包商奖。这个奖项是巴基斯坦恰希玛核电厂在历次换料大修中所颁发的唯一一个奖项。

在恰希玛核电厂，让秦山核电公司检修部检验了自己的水平，而这个奖项，就是对他们努力工作最好评价和回报。耿昌心能够感受到这支队伍中蕴涵着的凝聚力和战斗力，在国外工作的几个月里，职工团结一心，工作积极配合，再苦再累不讲条件不扯皮。平心而论，大家在家里干看不出来，出来一干就知道了。公司已经培养我们十几年，使我们拥有了高水平检修技术和水平，那么我们应该怎么回报家里人？耿昌心提出了“回报公司对我的培养”这一观点，得到了大家的一致认可。他感到随着管理制度的深化和企业文化建设，检修部这支队伍大有希望，大有作为，国外工作获得的荣誉感，对检修部队伍建设起了巨大的推动和促进作用，开了个好头。

在恰希玛核电厂，从第一次检修开始，秦山核电公司检修部在中国村驻地开展了升国旗、升厂旗，降国旗、降厂旗活动，这在恰希玛中国村里独此一家。升旗降旗要举行庄严仪式，全体列队，奏国歌，厂歌，音响设备和磁带光盘是国内带去的。往往是升旗的时候全体列队一大堆人，等到撤离降旗的时候全体列队只有七八个人了，大队人马在工作结束后陆续国了。国旗厂旗降下来后洗干净，收藏起来，放到荣誉室展出保存。

在恰希玛核电厂，耿昌心感到最为宝贵的一是锻炼了队伍，二是有了一笔不小的收入。当耿昌心第一次大修回来，何小剑总经理的第一句话是：“老耿，辛苦你了！你们这次给公司挣的钱，公司非常需要。”

2007 年，已过花甲之年的耿昌心仍然工作在核电检修的第一线，对检修工作的未来他想得更多更远。中国“积极推进核电发展”的方针政策，会有更多的核电厂拔地而起，会有更多的核电机组在等待着检修工人去维护，对秦山核电公司检修部而言必须有所选择，必须要放掉一部分，得到一部分，抓住一部分，保证一部分。在恰希玛核电厂检修工作要逐步向高端发展，把一些简单重复的劳动逐步放手让巴方去做。抓住高端就是抓住技术，掌握技术就等于抓住了市场，就可以始终使自己立于不败之地。

第一次去巴基斯坦恰希玛核电厂参加检修，耿昌心是总负责人。

第二次去巴基斯坦恰希玛核电厂参加检修，耿昌心是项目负责人。

第三次去巴基斯坦恰希玛核电厂参加检修，耿昌心已是顾问了。

这是他自己的选择，他对自己亲手培养出来的年轻人信得过，对秦山核电厂新一代守护者，他是百分之一百的放心。

44　情到深处

“我失态了。男人是不应该流泪的。可是那天我实在是控制不住自己，有些激动。”说这话的人是方家山调试队的队长费志松，回想起当时的情景他有些不好意思。

“有人说你是在为调试队的弟兄们挣待遇时才掉的眼泪？”我接着问。

“这是误解！我掉眼泪是因为我总是看到调试队的人没日没夜加班加点时的身影。你能想象一个月 30 多个加班是什么样的场景吗？你能想象连续 2 年多天天好像在大修，甚至大部分时间的工作强度高于大修吗？”费志松又渐渐地激动了起来。

费志松，1992 年 8 月大学毕业来到秦山核电厂工作。2007 年 9 月因工作需要，从事运行倒班工作 15 年后，转到调试，开始参与恰希玛二期调试准备工作，2011 年 5 月完成恰希玛二期调试，回国后参与方家山工程调试工作。

2014 年 10 月 21 日下午，我在费志松的办公室找到了他。

与费志松聊天不是一件很轻松的事。一个南方人长着北方人的个头和身材，说起话来却又是带着绵绵吴语口音的普通话，语速很快，好像有许多的话想对我们说，这让我有一种似曾相识的感觉。我能感受到费志松的疲惫，椅子坐得很深，把腰靠在椅背上，不时有员工进来找他签字，他把文件放在腿上弯下腰去签上自己的名字。

他对方家山建设情况很熟悉，熟悉那里的人，也熟悉那里的

事。从方家山建设的意义、技术的先进性、工程管理的特点，公司内部外部的合作处室和单位以及调试中谁干了什么，每个员工的特点是什么，他几乎是有问必答。在讲调试工作时他也没忘党群部门在支部建设和宣传方面对调试队的支持，这让我们心里感到暖洋洋的。

他依然清晰地记得在中核集团公司第三批党的群众教育实践活动中，有领导同志来到方家山核电工程现场，对“方家山调试”进行专题调研的事。2014 年 5 月 22 日上午，领导深入方家山 1 号机组电气厂房、主控室、辅助厂房，2 号机反应堆厂房主泵间、20 米平台，详细了解 1 号机组 DCS（分布式控制系统）1E 级设备安装、调试准备情况，2 号机组主设备安装、水压试验准备情况以及 TES（固体废物处理系统）调试情况。在随后召开的“方家山调试”专题调研座谈会上，对方家山调试工作给予了充分肯定。领导说，调试人员还利用设备拖期这段时间，对机组进行了消缺，对系统进行了完善，现场环境有了很大改善，这些为后续调试打好了基础。

就是这简简单单的一句话，让费志松感受到几年的艰苦调试中，调试人员难以想象的付出获得了心灵上些许的慰藉，让他想起在脑海里挥之不去的两年多来调试人加班加点工作的身影，有的人长期无暇照顾家庭，有的带病坚持，有的人从不懂不会到迅速成长，超常地付出，默默地忍耐，苦苦地等待，争分夺秒地工作，让原本遥遥无期的并网发电的日期一下子来到了眼前，让秦山的人、让北京的人看到了希望。费志松，一个非常希望自己坚强起来的汉子还忍得住自己的泪水吗？

“调试人员的辛勤工作你知道谁最清楚吗？”

我不知该如何回答，只是静静地等待。

“是他们的家属，常年早出晚归，她们有时会抱怨，但更多的是支持；是厂里食堂的师傅，他们长年累月在周六、周日以及晚上为大量调试人员在食堂吃饭提供服务；是小车队的驾驶员，只需一个电话他们就会在深夜里奔驰在寂静的应急大道上，一个晚上不知道要跑多少次！”说到这里，费志松又停顿下来，不说话了。

看到今天的费志松，我想起了十多年前秦山三期的调试队。当时一个调试队的员工给总经理写信，要求总经理下令让天天坚持在调试现场的队长回家睡觉。总经理在公司大会上宣读了这封信，并说看到这封信后自己落泪了。有数据显示，秦山三期工程建设有近 19% 的工作量是靠加班加点干出来的，而调试队的贡献居功至伟。今天的方家山调试队仿佛还在延续着那曾经出现过的场景，有着同样年轻的队伍，同样的精神面貌，同样的工作目标，同样的事业追求，唯一不同的是秦山三期已充分享受着成功的果实，而方家山还在通往成功的道路上跋涉，但曙光就在眼前。